工业机器人技术应用

（信息页）

主　编　陈安武　王亮亮
副主编　朱道萌　刘　涛　陈　冬
参　编　高　赛　廉佳玲　黄贤振
　　　　刁秀珍　张艺潇

本书依据全国工业机器人技术应用技能大赛的技术要求、技术规范及操作流程，结合"1+X"工业机器人操作与运维的技能要求编写，主要内容包括：DLDS-3717 工业机器人实训系统认知、DLDS-3717 工业机器人实训系统安装、四轴工业机器人基本操作应用、埃夫特六轴工业机器人基本操作应用、工业机器人周边设备编程与调试、工业机器人生产线综合调试与优化和工业机器人生产线检测与维护。

本书可作为职业院校工业机器人相关专业的教材，也可供相关从业人员参加在职培训、就业培训、岗位培训时使用。

图书在版编目（CIP）数据

工业机器人技术应用：信息页/陈安武，王亮亮主编. —北京：机械工业出版社，2022.7

ISBN 978-7-111-71172-8

Ⅰ.①工… Ⅱ.①陈…②王… Ⅲ.①工业机器人 Ⅳ.①TP242.2

中国版本图书馆 CIP 数据核字（2022）第 117740 号

机械工业出版社（北京市百万庄大街 22 号　邮政编码 100037）

策划编辑：王振国　　　　　责任编辑：王振国

责任校对：张　征　王明欣　封面设计：严娅萍

责任印制：常天培

固安县铭成印刷有限公司印刷

2023 年 1 月第 1 版第 1 次印刷

184mm×260mm·16.5 印张·407 千字

标准书号：ISBN 978-7-111-71172-8

定价：39.80 元

电话服务　　　　　　　　　网络服务

客服电话：010-88361066　　机　工　官　网：www.cmpbook.com

　　　　　010-88379833　　机　工　官　博：weibo.com/cmp1952

　　　　　010-68326294　　金　书　网：www.golden-book.com

机工教育服务网：www.cmpedu.com

　　目前，工业机器人技术可以说是衡量一个国家创新能力和产业竞争力的重要标志，已经成为全球新一轮科技和产业革命的重要切入点。随着制造业人工成本的持续增加，工业机器人逐渐得到大量应用，但相应的机器人安装调试、操作维修、系统集成、营销及管理人员需求也大幅提升。据相关数据预计，2025 年中国机器人产业人才缺口预计将达到 450 万。未来几年我国机器人新增岗位需求人才缺口将越来越大，工业机器人相关领域的高技能人才的培养必将迎来一个高速发展的黄金时期。

　　自 2016 年工业和信息化部、人力资源和社会保障部、教育部等部委举办第一届全国工业机器人技术应用技能大赛以来，该技能大赛已成功举办多届，通过大赛选拔出了一批优秀的技术能手，在全国相关企业与职业院校内将学习工业机器人的"热潮"推向了更高峰，充分发挥了技能大赛"搭建竞赛平台，选拔技能人才；弘扬工匠精神，助力中国制造"的主旨。

　　为进一步扩大工业机器人技术应用技能大赛的影响力，发挥其在专业教学改革中的引领作用，促进相关院校积极进行专业建设和课程改革，培养更高质量的复合型高技能人才，增强大赛吸引力，山东栋梁科技设备有限公司作为大赛竞赛设备提供商之一，携手机械工业出版社，联合大赛专家、获奖选手，依据全国工业机器人技术应用技能大赛的技术要求、技术规范以及大赛操作流程，总结出完成大赛任务的一些实践和教学经验，同时结合"1+X"工业机器人操作与运维的技能要求及新职业工业机器人系统操作员与工业机器人系统运维员岗位需求共同编写了本系列教材。

　　本系列教材由贵州电子信息职业技术学院陈安武和山东栋梁科技设备有限公司王亮亮担任主编。教材采用活页形式，分为《工业机器人技术应用（信息页）》和《工业机器人技术应用综合实训（工作页）》两本。其中《工业机器人技术应用（信息页）》全面、系统地介绍了工业机器人应用中涉及的理论知识、项目案例；《工业机器人技术应用综合实训（工作页）》以工作任务为中心，按照工作任务开展的实际情况进行描述，是教师开展一体化教学的有效载体，可以快速地帮助学生构建结构完整的工作过程，实现有效学习，内容按照由浅入深分为八大工作项目和 37 个工作任务。为方便读者学习，本书提供配套视频资源和教学课件，读者可到机工官网"www.cmpbook.com"免费下载。

　　在本书编写过程中，山东栋梁科技设备有限公司提供了大力支持，在此表示衷心的感谢。由于时间仓促，本书难免存在错误和不足之处，恳请读者批评指正。

编者

目　录

第 1 章

DLDS-3717 工业机器人实训系统认知

1.1 设备概述

DLDS-3717 工业机器人实训系统采用模块化、开放式设计，由工业机器人基础实训台和集成训练模块组成，如图 1-1 所示。其中，工业机器人基础实训台主要由六轴机器人、四轴机器人、移动输送系统、工业视觉相机、PLC 控制单元、触摸屏和伺服电动机等组成，主要功能是完成各种任务模块产品的传输、检测、识别、装配、加工与入库任务，该平台集工业机器人领域新技术于一身，可学习到当前先进的工业机器人应用技术。

根据任务对象的不同，集成训练模块分为 7 个任务模块，分别为：基于机器人自动上下料的指尖陀螺压装生产任务、数字键盘全自动装配工作站任务、基于双机器人协同的无线鼠标生产工作站任务、工件全自动打磨工作站任务、机器人全自动礼品包装工作站任务、多品种物料转运及码垛工作站任务和书签全自动分拣工作站任务。每一个任务模块都由相应的任务模型、原料托盘、成品托盘（成品库）、传送机构和工装夹具构成。在训练不同的工作任务中，只需将对应模块安放在工业机器人基础实训台上即可。

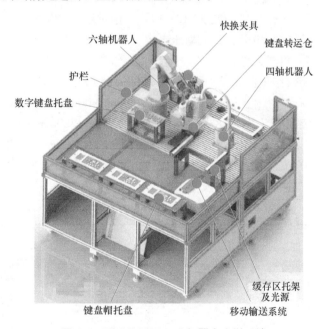

图 1-1　DLDS-3717 工业机器人实训系统

该工作站由工业机器人基础实训台和集成训练模块组成。其中，工业机器人基础实训台由 1#操作平台和 2#操作平台组成，如图 1-2 所示。

1#操作平台可单独使用，也可配合 2#操作平台组合使用，它们的主要功能是完成各种集成训练模块产品的传输、识别、装配、检测与入库任务。

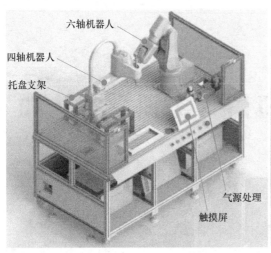
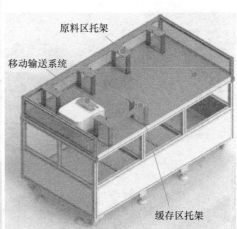

a) 1#操作平台   b) 2#操作平台

图 1-2   基础实训台

1. 基本参数

1）输入电源：单相三线交流电源，AC 220V±22V，50Hz。

2）工作环境：温度−10~40℃，相对湿度<85%（25℃），无水珠凝结海拔<4000m。

3）输出电源：直流稳压电源：24V/3A。

4）设备尺寸：

1#操作平台（长×宽×高）：1700mm×1000mm×1600mm（$L×W×H$）。

2#操作平台（长×宽×高）：1700mm×900mm×1600mm（$L×W×H$）。

装配桌（长×宽×高）：1500mm×700mm×780mm（$L×W×H$）。

电脑桌（长×宽×高）：560mm×410mm×860mm（$L×W×H$）。

5）安全保护功能：急停按钮，漏电保护。

2. 主要设备（见表 1-1）

表 1-1   主要设备

序号	名称	图示	说明
1	六轴工业机器人		基本参数： 　型号：ER3B-C30 　品牌：埃夫特 　机器人系统：C30 　供电电压：AC 220V 　额定载荷：3kg 　DI 数量：8 个 　DO 数量：8 个 　通信方式：TCP/IP，Modbus-TCP 　功能描述：主要由主体和相关电气控制系统构成。通过更换不同的工装夹具完成多种实训任务

（续）

序号	名称	图示	说明
2	四轴工业机器人	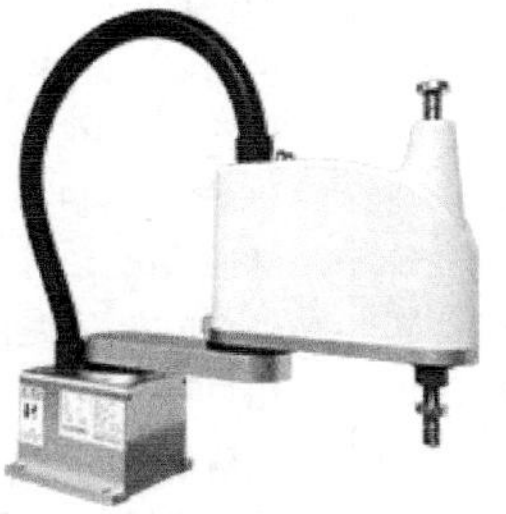	基本参数： 型号：AR4215 品牌：众为兴 供电电压：AC 220V 机器人系统：QC400A 额定载荷：2kg DI 数量：7 个 DO 数量：6 个 通信方式：TCP/IP，Modbus-TCP 功能描述：主要由主体和相关电气控制系统构成。通过更换不同的底座和工装夹具完成多种实训任务
3	移动输送系统	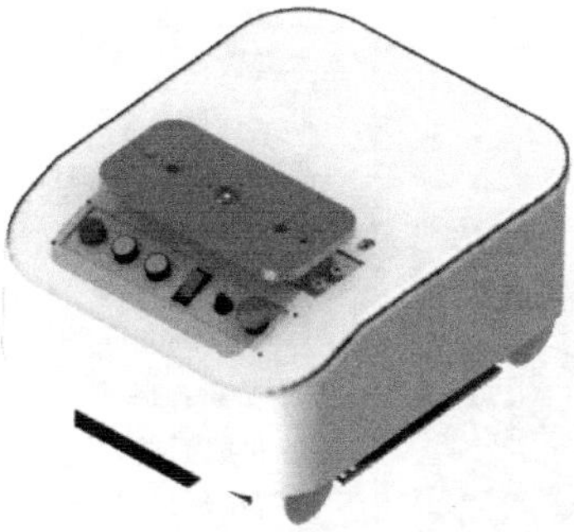	基本参数： 型号：342910 品牌：栋梁 通信方式：自由口通信 功能描述：可以自动寻找轨迹自动改变方向，在实训时根据实训内容可控制小车的运动方向和动作姿势。主要为从原料库搬运到原料缓存区，再返回工作原点的过程
4	工业视觉相机	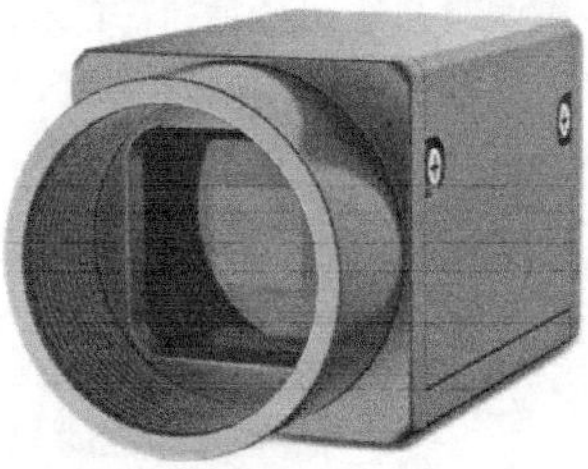	基本参数： 型号：MV-CA032-10GC 品牌：海康威视 分辨率：320 万像素 分辨率：2048×1536 数据接口：GigE 软件：MVS 或第三方支持 GigE Vision 协议软件 功能描述：智能视觉检测系统应用广泛，本装置几乎用到了它的所有功能，包括颜色、形状、定位、追踪、高度和 OCR 字符文字识别
5	伺服系统		基本参数： 驱动器型号：DS5E-20P4-PTA 电动机：型号 MS5H-60STE-CM01330B-20P4-S01，配减速比 1∶50 谐波减速机，安装在转盘机构上 品牌：信捷 功率：400W 输入电压：AC 220V 编码器：17bit/23bit 通信编码器 通信接口：标配 RS232、RS485 通信 功能描述：保证随动系统在自动控制系统中，能够以一定的准确度响应控制信号

（续）

序号	名称	图示	说明
6	可编程序控制器（PLC）		基本参数： 型号：XD5E-30T4-E 品牌：信捷 供电电压：AC 220V DI 数量：16 个 DO 数量：14 个 脉冲输出：2 个 外部中断：10 个 用户程序容量：1MB 通信接口：RS232、RS485 和以太网 功能描述：专门为在工业环境下应用而设计的数字运算操作电子系统。应用环境广阔，应用领域广泛
7	触摸屏		基本参数： 型号：TGM765S-ET 品牌：信捷 供电电压：DC 24V 显示尺寸：7in 分辨率：800×480 DO 数量：14 个 脉冲输出：2 个 外部中断：10 个 用户程序容量：1MB 接口：2 个 USB、以太网、RS232 和 RS485 功能描述：利用显示屏显示，通过输入单元（如触摸屏、键盘、鼠标等）写入工作参数或输入操作命令，实现人与机器信息交互的数字设备，由硬件和软件两部分组成
8	WiFi 串口服务器		基本参数： 型号：USR-W610 品牌：有人物联网 供电电压：DC5.0~36.0V 加密类型：WEP64/WEP128/TKIP/AES 终端接入数：24 个 检验位：None，Even，Odd 波特率：300~460.8kbit/s 配置方式：网络配置协议，串口 AT 指令，内置网页 网络协议：TCP、UPD、ARP、DHCPC、DNS、PING 端口数：RS232×1/RS485×1 功能描述：PLC 通过 RS232 数据线与 WiFi 串口服务器接口设备连接，并自动转化为 WiFi 信号，再与 AGV 连接，最终实现 PLC 与 AGV 的数据交互

3. 网络拓扑图（见图 1-3）

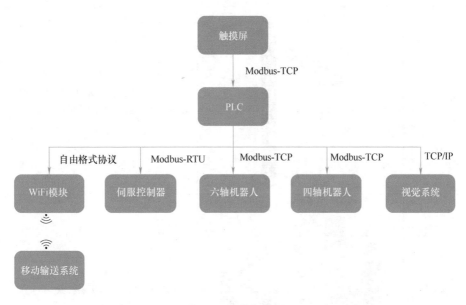

图 1-3　网络拓扑图

1.2　系统模块的认知

1. 系统的通用模块

系统的通用模块包括转盘底座、视觉光源、托盘支架、快换夹具支架、气源处理、缓存区托架及光源等，见表 1-2。

表 1-2　系统的通用模块

序号	名称	图示	功能描述
1	转盘底座		放置在四轴机器人和六轴机器人之间，负责转运物料，由伺服电动机驱动谐波减速机提供旋转动力

（续）

序号	名称	图示	功能描述
2	视觉光源	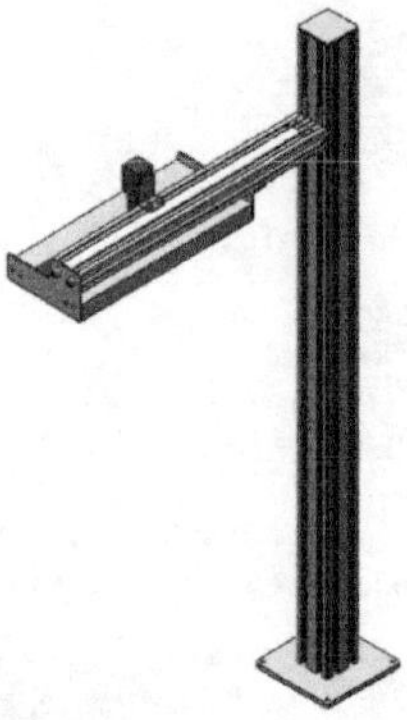	放置在缓存区托架旁边，配合四轴机器人进行材料分拣和定位，同时提供辅助光源
3	托盘支架		可放置成品托盘或原料托盘
4	快换夹具支架	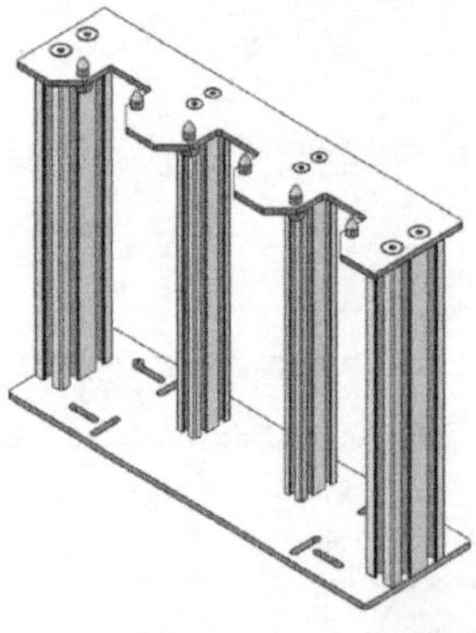	用于放置快换夹具
5	气源处理	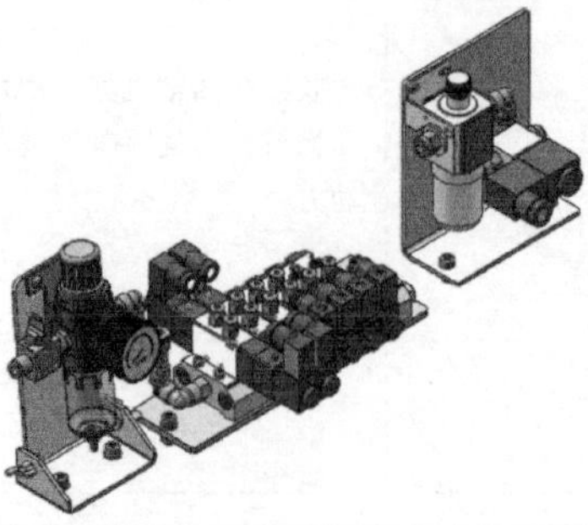	包含过滤调压器、油雾器、两通阀、两位五通阀和三位五通阀

（续）

序号	名称	图示	功能描述
6	缓存区托架		用于托放 AGV 转运过来的原料托盘
7	缓存区托架及光源		此为缓存区托架安装光源之后的形态
8	四轴机器人底座 A		适用于以下 5 个任务：七巧板、纪念币、书签、键盘和陀螺
9	四轴吸盘夹具 D20		适用于以下 3 个任务：七巧板、纪念币和书签

注：光源可以根据需要安装在缓存区托架上或者相机安装立柱上，不同的安装位置对相机的成像效果有很大的影响。

2. 指尖陀螺压装工作站的特殊模块

指尖陀螺压装工作站的特殊模块包括陀螺成品托盘、陀螺原料托盘、陀螺夹具、冲压模块和陀螺转运仓等，见表 1-3。

表 1-3　指尖陀螺压装工作站的特殊模块

序号	名称	图示	功能描述
1	陀螺成品托盘		放置在托盘支架上，用于存放装配好的指尖陀螺
2	陀螺原料托盘（3 个）		放置在缓存区托架或原料区托架上，用于存放指尖陀螺零部件原料
3	陀螺夹具（2 个）		分别安装到四轴工业机器人和六轴工业机器人上，用于夹取陀螺的零部件
4	冲压模块		安装在转盘上，用于指尖陀螺的压装

（续）

序号	名称	图示	功能描述
5	陀螺转运仓 （2个）		放置在转盘上，用于在四轴和六轴机器人之间进行转运和陀螺的压装

3. 礼品自动包装工作站的特殊模块

礼品自动包装工作站的特殊模块包括木盒转运仓、书签/纪念币成品仓、包装盒供料库、包装盒吸盘夹具和原料托盘 A 等，见表 1-4。

表 1-4　礼品自动包装工作站的特殊模块

序号	名称	图示	功能描述
1	木盒转运仓 （2个）		安装在转盘上，用于纪念币盒和书签盒的转运
2	书签/纪念币 成品仓		用于书签成品和纪念币成品的存储

（续）

序号	名称	图示	功能描述
3	包装盒供料库		用于书签包装盒和纪念币包装盒的供料
4	包装盒吸盘夹具		安装在六轴工业机器人上，用于搬运包装盒
5	原料托盘 A（3 个）		放置在缓存区托架或原料区托架上，用于纪念币和打磨原料的存放

4. 多品种物料转运及码垛工作站的特殊模块

多品种物料转运及码垛工作站的特殊模块包括原料托盘 B、切割工艺模拟装置、七巧板六轴机器人夹具、七巧板夹具库和七巧板转运仓等，见表 1-5。

表 1-5　多品种物料转运及码垛工作站的特殊模块

序号	名称	图示	功能描述
1	原料托盘 B（3 个）		用于存放七巧板原料

（续）

序号	名称	图示	功能描述
2	切割工艺模拟装置		装上绘图纸，可用于模拟工业机器人激光切割
3	七巧板六轴机器人夹具	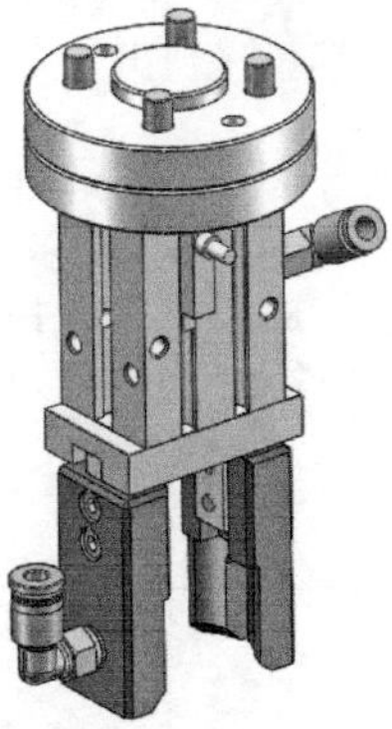	安装在六轴机器人末端法兰上，用于夹取绘图笔或双吸盘夹具
4	七巧板夹具库		用于存放绘图笔和双吸盘夹具
5	七巧板转运仓（2个）	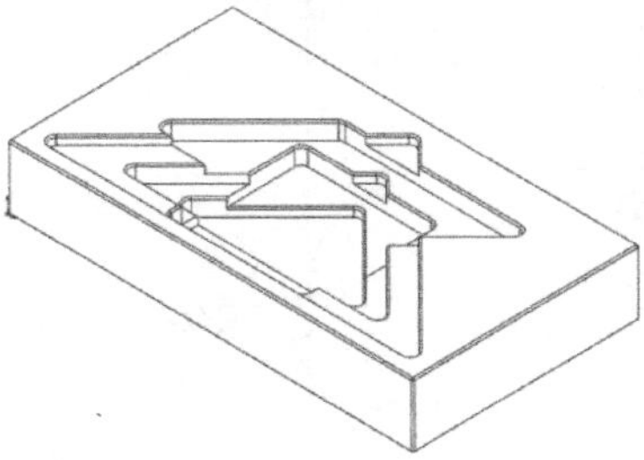	安装在转盘上，用于七巧板的转运

5. 数字键盘全自动装配工作站的特殊模块

数字键盘全自动装配工作站的特殊模块包括键盘帽托盘、键盘成品托盘、键盘夹具、键盘帽四轴吸盘、键盘帽六轴吸盘、键盘转运仓、六轴用快换公头和数字键盘等，见表1-6。

表 1-6　数字键盘全自动装配工作站的特殊模块

序号	名称	图示	功能描述
1	键盘帽托盘 （3个）		用于存放数字键盘原料
2	键盘成品 托盘		用于存放装配好的键盘
3	键盘夹具		放置在快换夹具支架上，与六轴用快换公头对接，用于键盘的抓取
4	键盘帽四轴 吸盘		安装在四轴机器人上，用于吸取键盘帽

（续）

序号	名称	图示	功能描述
5	键盘帽六轴吸盘	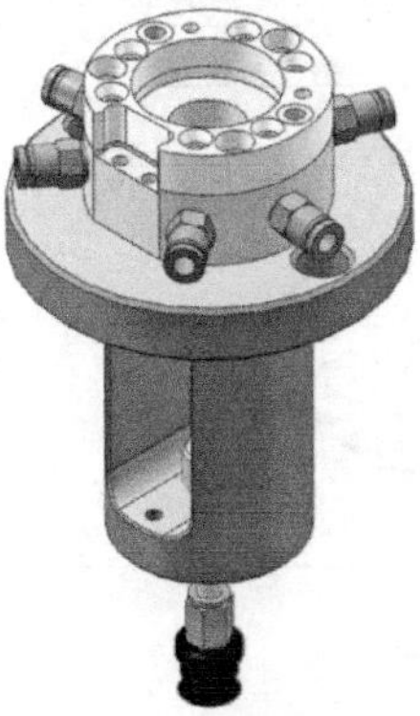	放置在快换夹具支架上，与六轴用快换公头对接，用于吸取键盘帽
6	键盘转运仓（2个）	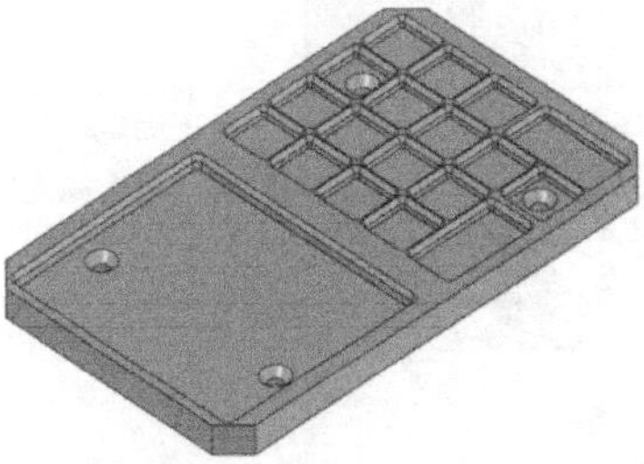	安装在转盘上，用于键盘帽的转运
7	六轴用快换公头		安装在六轴机器人法兰盘，用于与键盘帽六轴吸盘和键盘夹具对接
8	数字键盘		

6. 工件全自动打磨工作站的特殊模块

工件全自动打磨工作站的特殊模块包括打磨件成品托盘、打磨抛光平台、打磨模块、打磨件夹具、四轴机器人底座 B、原料托盘 A 和工件等，见表 1-7。

表 1-7　工件全自动打磨工作站的特殊模块

序号	名称	图示	功能描述
1	打磨件成品托盘		用于打磨件成品的存放
2	打磨抛光平台		用于固定待加工的铸件。安装有护栏，可以防止打磨抛光碎屑发生飞溅
3	打磨模块		安装在六轴机器人末端，可安装两种打磨工具：气动打磨机和电动打磨机
4	打磨件夹具		安装在四轴机器人上，用于夹取打磨铸件

（续）

序号	名称	图示	功能描述
5	四轴机器人底座 B	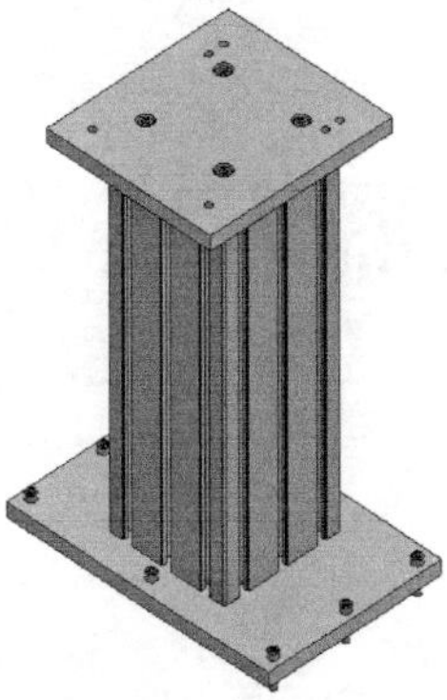	用于安装四轴机器人
6	原料托盘 A（3个）		用于存放待打磨的工件坯料
7	工件（泵盖）		

第 2 章

DLDS-3717 工业机器人实训系统安装

2.1 机械安装

2.1.1 通用安全操作规程

1. 操作前

1）穿戴劳保用品。进入工作场地必须穿戴合格的工作服、防护鞋和安全帽。使用剥线钳、剪线钳、水口钳等夹钳类工具时，必须戴护目镜。高处作业时应采取安全措施，操作电钻作业时严禁戴手套，留有长发时要戴防护帽。

2）明确工作任务。明确项目内容、性质、质量及进度要求，多人配合作业时要服从统一指挥。

3）准备工具。工具必须齐备、完好、有效，禁止使用有裂纹、带毛刺、手柄松动等不符合安全要求的工具。

4）核对备件。将要装配的零件有序地摆放在零件存放架或装配工位上，工件及产品严禁占用公共通道。

2. 操作中

1）不允许在设备、设施运行过程中进行拆卸和维修，进行这些操作时必须要先切断电源。

2）拆卸零件时要做到先外后内，先易后难，要记清零件的安装位置、方向、配合要求，做好记号和记录，安装时要遵循先拆后装、后拆先装的原则。

3）拆卸过程中如发现有的零件用常规方法拆不下来时，必须根据其构造仔细检查分析找出原因，方可继续拆卸，严禁盲目用力强拆，进而导致机件损坏。

4）拆卸气管、气缸、电磁阀等部件时，必须要先泄压，确认无压力时，方可进行拆卸。

5）根据不同规格的螺钉，选取适当的扳手。拧紧螺钉时要对称拧入，用力要均匀，并循环几次拧紧。

6）使用工业机器人时必须提前熟读安全手册，做到遵守安全规定，严格规范操作。

7）使用手持电动工具时必须遵守有关安全规定。

8）使用起重机时，要根据工件重量选好钢丝绳，捆绑要牢固，指挥时要看清方向，手势清楚，严禁使用非标吊具。

9）吊放机器人本体、转盘、传送带等大型部件时必须放好方箱或垫木，严禁在悬吊物下操作。

10）未经允许严禁爬上平台操作。

11）停止装配时，不允许有大型零部件吊悬于空中或放置在有可能滚滑的位置上，中间休息时应将未安装就位的大型零部件用垫块支稳。

12）用易燃物品清洗轴承时严禁烟火接近。煤油加热温度不得大于60℃。清洗场所必须有良好的通风装置。

13）采用压力机压配零件时，零件要放在压头中心位置，底座要牢靠，压装小零件时要使用夹持工具。

14）将零部件搬上工作台时，应注意周围人员的安全。

15）装配时应注意平台上是否有金属毛刺，防止手指被割伤。

16）工作中注意周围人员及自身安全，防止因挥动工具、工具脱落、工件及金属屑飞溅造成伤害，两人以上一起工作时要注意协调配合。工件堆放应整齐，放置平稳，交叉作业时应有安全措施。

17）安装完成前应将各防护装置、保险装置安装牢固，并检查平台内是否有遗留物。

3. 操作后

1）工作结束时，必须清点所带工具、零件，以防遗失和留在产品内部而造成事故。

2）清理现场，检查电源、通风、气路、油路等是否关停或恢复正常，并向接班人员交代安全注意事项。

3）填写设备维修使用记录。

2.1.2 机械安装材料认知

1. 螺栓

螺栓是一种常用的圆柱形带螺纹的紧固件。由头部和螺杆（带有外螺纹的圆柱体）两部分组成，需与螺母配合，用于紧固连接两个带有通孔的零件。如把螺母从螺栓上旋下，又可以使这两个零件分开，结构简单，使用方便，常用于机械、电气和建筑等行业。

螺栓的规格型号通常表示为：名称+标准+螺纹规格 X 公称长度。如：六角头螺栓 GB/T 5782-2016 M12X80，表示螺纹规格为 M12，公称长度 $l=80mm$ 的六角头螺栓。

在 DLDS-3717 平台中需要使用以下多种常用的螺栓。

（1）六角头螺栓　六角头螺栓（见图 2-1）顾名思义通常是指头部为外六角形的外螺纹紧固件，设计为使用扳手转动。

六角头螺栓的现行国家标准为 GB/T 5782—2016《六角头螺栓》。该标准规定了螺纹规格为 M1.6~M64，性能等级为 5.6、8.8、9.8、10.9、A2-70、A4-70、A2-50、A4-50、CU2、CU3 和 AL4、产品等级为 A 和 B 的六角头螺栓。A 级用于 $d=1.6~24mm$ 和 $l≤10d$ 或 $l≤150mm$（按较小值）；B 级用于 $d>24mm$ 或 $l>10d$ 或 $l>150mm$（按较小值）的螺栓。

（2）内六角螺栓　内六角螺栓，通常也被称为内六角螺钉，是一种需要使用六角扳手转动的螺栓。常用的有内六角圆柱头螺钉、内六角平圆头螺钉和内六角沉头螺钉 3 种（见图 2-2、图 2-3 和图 2-4），而内六角圆柱头螺钉又是最常用的。

不同规格的内六角螺栓，需要使用对应规格的六角扳手，否则就有可能损坏螺栓。表 2-1 给出了六角扳手选用的参考。

图 2-1　六角头螺栓

图 2-2　内六角圆柱头螺钉

图 2-3　内六角平圆头螺钉

图 2-4　内六角沉头螺钉

表 2-1　六角扳手选择对照表

米制六角扳手规格/mm	内六角圆柱头螺钉	内六角沉头螺钉	内六角平圆头螺钉
0.7	—	—	—
0.9	—	—	—
1.3	M1.4	—	—
1.5	M1.6, M2	—	—
2	M2.5	M3	M3
2.5	M3	M4	M4
3	M4	M5	M5
4	M5	M6	M6
5	M6	M8	M8
6	M8	M10	M10
8	M10	M12	M12
10	M12	M14, M16	M14, M16
12	M14	M18, M20	M18, M20
14	M16, M18	M22, M24	M22, M24
17	M20	—	—

2. T型螺母

T型螺母是一种在铝型材上组装零件的常用紧固件（见图2-5）。常用的铝型材分为国标和欧标，同样T型螺母也分为国标和欧标。不同的T型螺母适用于不同的铝型材。T型螺母的尺寸如图2-6所示。其中T型螺母选型参考尺寸见表2-2。

图2-5　T型螺母

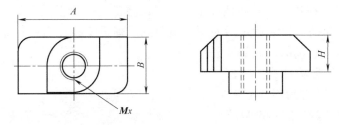

图2-6　T型螺母的尺寸

A—螺母的长度　*B*—螺母的宽度　*H*—螺母的高度　*Mx*—螺纹规格

表2-2　T型螺母选型参考尺寸

标准	螺纹规格 *Mx*	长度 *A*	宽度 *B*	高度 *H*
欧标 20 型	M3	10	5.9	3.2
欧标 20 型	M4	10	5.9	3.2
欧标 20 型	M5	10	5.9	3.2
欧标 30 型	M4	15.5	7.8	5
欧标 30 型	M5	15.5	7.8	5
欧标 30 型	M6	15.5	7.8	5
欧标 40 型	M4	19	7.8	5.3
欧标 40 型	M5	19	7.8	5.3
欧标 40 型	M6	19	7.8	5.3

（续）

标准	螺纹规格 Mx	长度 A	宽度 B	高度 H
欧标 40 型	M8	19	7.8	6.1
欧标 45 型	M5	19	9.8	6.1
欧标 45 型	M6	19	9.8	6.1
欧标 45 型	M8	19	9.8	6.1
国标 30 型	M4	10	6.2	4.8
国标 30 型	M5	10	6.2	4.8
国标 40 型	M4	14	7.9	5.5
国标 40 型	M5	14	7.9	5.5
国标 40 型	M6	14	7.9	5.5

显然，对于相同标准、相同型号的型材，其使用的 T 型螺母的长度、宽度和高度是一定的，不同的是可以选择多种螺纹规格。

3. 弹簧垫圈与平垫圈

（1）弹簧垫圈　在各类机械连接件中，螺栓的防松是一个很重要的环节。生活中有很多方法来预防螺栓松动，其中就包括使用弹簧垫圈。弹簧垫圈在螺钉行业常称为弹垫（见图 2-7）。通常用在有振动的机械部件上。

弹簧垫圈的主要功能是防松，其作用是在螺母拧紧之后给螺母一个力，增大螺母和螺栓之间的摩擦力，也就是为了防止运行中的设备振动造成紧固螺栓的松动而增加的一种防护措施。

一般常用的弹簧垫圈规格尺寸有 M3、M4、M5、M6、M8、M10、M12、M14 和 M16，这些规格比较常用。国家标准 GB/T 94.1—2008《弹性垫圈技术条件　弹簧垫圈》规定了规格为 2~48mm 的标准型弹簧垫圈，其性能指标有弹性、扭转和抗氢脆等。

图 2-7　弹簧垫圈

在机器人本体安装和转盘部件安装时，为了防松必须使用与螺栓对应规格的弹簧垫圈。

（2）平垫圈　平垫圈通常是一种用铁板冲压出来的，中间有一个孔的圆环形零件（见图 2-8）。平垫圈没有防松作用，主要起减少摩擦、防止泄漏、隔离和保护零件表面的作用。受螺纹紧固件的材料与工艺限制，螺栓等紧固件的支撑面不大，因此为减小承压面的压应力，保护被连接件的表面，大量使用到平垫圈。

图 2-8　平垫圈

2.1.3　机械安装技术规范

机械安装技术规范见表 2-3。

表 2-3　机械安装技术规范

序号	技术规范	正确	错误
1	所有活动件和工件在运动时不得发生碰撞	1. 所有执行元件（气缸）、线缆、气管和工件均必须能够自由运动 2. 小碰撞，例如：气管碰触活动部件，但不影响功能	大碰撞，例如：陀螺压装模块碰撞到转盘
2	所有螺栓、螺母、垫片的规格和安装数量必须符合图样要求	—	—
3	所有设备的安装位置尺寸必须符合图样要求	—	—
4	必须保证所有系统部件和模块是紧固的。所有螺栓必须是使用合适的扭力拧紧，不得有松动，螺栓头必须完好无损	—	—
5	T 型螺母必须旋转 90°，与型材的 T 型槽垂直，且紧固	—	—
6	固定任何一段线槽时都应至少使用 2 个带垫圈的螺钉		—
7	所有型材末端必须安装盖子		

（续）

序号	技术规范	正确	错误
8	安装完成后，工具应放置在装配桌的指定位置或工具箱内，不得遗留到工作站上或工作区域地面上	—	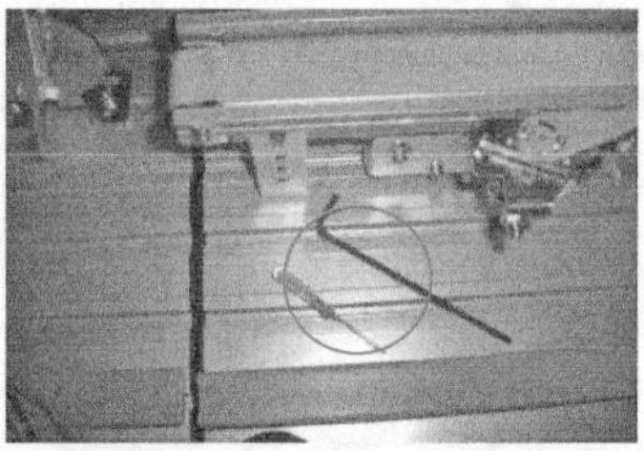
9	工作站上不得留有未使用的零部件和工件	—	
10	工作站、周围区域以及工作站下方应干净整洁（用扫帚打扫干净）	—	—

2.2　电气安装

电气安装技术规范见表 2-4。

表 2-4　电气安装技术规范

序号	技术规范	正确	错误
1	所有电缆的规格和颜色必须符合图样要求	—	—
2	所有螺钉终端处接入的线缆必须使用正确尺寸的绝缘冷压端子。冷压端子的规格必须与电缆的型号相匹配		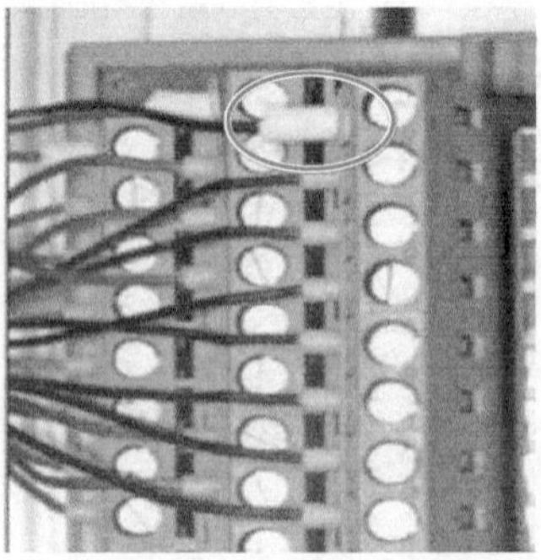

（续）

序号	技术规范	正确	错误
3	冷压端子处不能看到外露的裸线		
4	冷压端子的金属部分必须完全插到终端模块中，不得裸露在外		
5	线槽中的电缆必须有至少10mm预留长度。如果是同一个线槽里的短接线，没必要预留		
6	带护套的电缆，必须剥掉露出线槽外的部分的护套。护套绝缘层不得露出线槽外		
7	线槽必须全部合实，所有槽齿必须盖严		

（续）

序号	技术规范	正确	错误
8	不得损坏线缆绝缘层，并且裸线不得外露		
9	线、管需要剪到合适长度，并且线、管圈不得伸到线槽外		
10	穿过 DIN 道或者绕尖角布局的导线必须使用 2 个线夹子固定		
11	线槽和接线端子之间的导线不能交叉。每个电缆槽孔尽可能只走同一个传感器或驱动器的线		

（续）

序号	技术规范	正确	错误
12	电线中不用的松线必须绑到电缆上，长度必须剪到和使用的那根长度一样，并且必须保留绝缘层，以防发生触点闭合。该要求适用于线槽内外的所有线缆		
13	一般要求电缆和气管必须分开绑扎，下列情形除外：当线缆和气管同时连接到移动的模块时，最好将所有线缆和气管一起进行绑扎；光纤可以绑在电缆上。绑扎一起的电缆和气管不允许交叉		
14	扎带切割后剩余长度不大于1mm，以免伤人		
15	扎带间距不大于50mm		
16	所有沿着型材往下走的线缆必须使用线夹子固定		

（续）

序号	技术规范	正确	错误
17	型材上固定的线缆、光纤必须使用马鞍形扎带固定座。扎带应穿过固定座两侧。对于单根电线，允许仅使用一侧	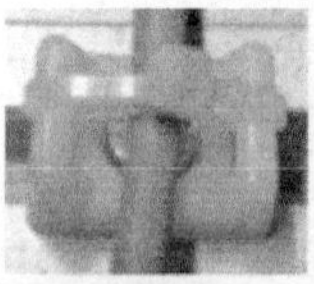 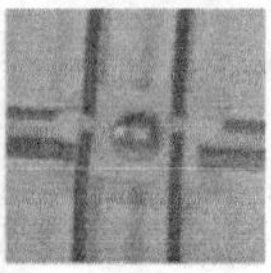 	—
18	光纤的弯曲半径要大于25mm	—	
19	完工后，工具需要放置在装配桌的指定位置或工具箱内，不得遗留到工作站上或工作区域地面上	—	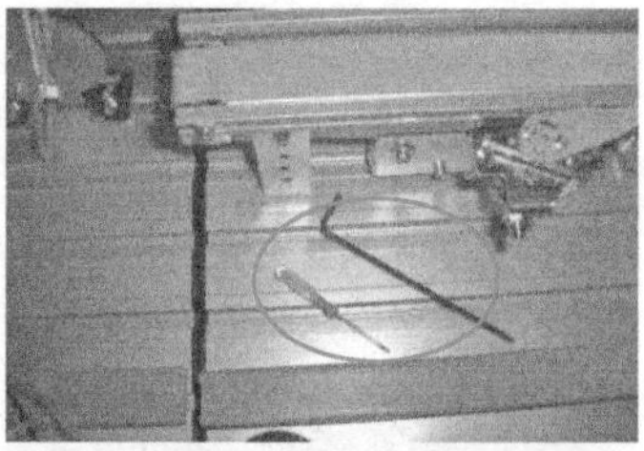
20	工作站上不得留有未使用的零部件和工件	—	
21	工作站、周围区域以及工作站下方应干净整洁（用扫帚打扫干净）	—	—

2.3 气路安装

气路安装技术规范见表2-5。

表2-5 气路安装技术规范

序号	技术规范	正确	错误
1	一般要求电缆和气管必须分开绑扎，下列情形除外：当线缆和气管同时连接到移动的模块时，最好将所有线缆和气管一起进行绑扎；光纤可以绑在电缆上。绑扎一起的电缆和气管不允许交叉		

（续）

序号	技术规范	正确	错误
2	扎带切割后剩余长度不大于1mm，以免伤人		
3	扎带间距不大于50mm		
4	型材上固定的气管必须使用马鞍形扎带固定座。扎带应穿过固定座两侧。对于单根气管，允许仅使用一侧		—
5	线缆托架的间距不大于120mm		
6	第1根扎带离阀岛气管接头连接处的最短距离为60mm±5mm		

（续）

序号	技术规范	正确	错误
7	不得因为气管折弯、扎带太紧等原因造成气流受阻	—	
8	气管必须要用白色扎带绑扎		
9	气管不得从线槽中穿过（气管不可放入线槽内）		
10	所有的气动连接处不得发生泄漏	—	—
11	插拔气管必须在泄压情况下进行		—

（续）

序号	技术规范	正确	错误
12	完工后，工具需要放置在装配桌的指定位置或工具箱内，不得遗留到工作站上或工作区域地面上	—	
13	工作站上不得留有未使用的零部件和工件	—	
14	工作站、周围区域以及工作站下方应干净整洁（用扫帚打扫干净）	—	—

第3章

四轴工业机器人基本操作应用

3.1 示教器操作

示教器监控画面如图 3-1 所示。

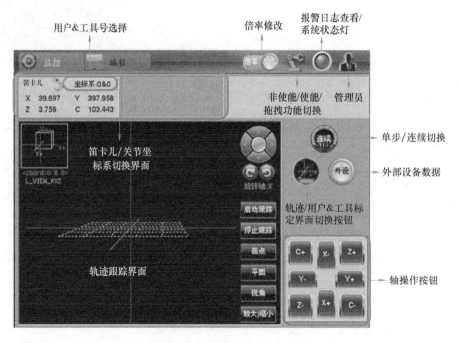

图 3-1 示教器监控画面一览

1. 按键

（1）示教器手动开关 众为兴驱控一体机 RPB-06 示教器采用按键加触摸控制模式（见图 3-2），示教器整个界面有 3 个手动开关（钥匙开关、急停开关以及示教器背面一个黄色三档开关）和 53 个薄膜按键。各开关功能见表 3-1。

（2）示教器按键说明 众为兴驱控一体机 RPB-06 示教器按键如图 3-3 所示，各按键说明见表 3-2。

表 3-1　示教器手动开关

按键	说明
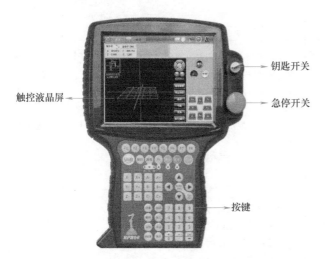	A/Lock/M：钥匙开关，A（Auto 自动）、Lock（未使用）、M（Manual 手动）
	STOP：急停开关，在运行期间存在机器人可能与外围设备发生碰撞危险的紧急情况，此时可使用急停开关用于关闭电动机使能，并且熄灭［Mot］指示灯
	三档开关：手动使能，此为三档点动开关，一档为常开状态，开关常态处于一档。轻轻触压至二档为手动使能，松开关闭使能。重触压至三档为急停报警，按"复位"可清除报警

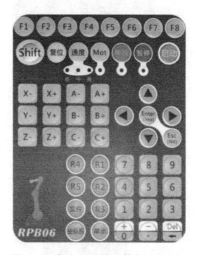

触控液晶屏

钥匙开关

急停开关

按键

图 3-2　众为兴驱控一体机 RPB-06 示教器的外观

图 3-3　众为兴驱控一体机 RPB-06
示教器按键

表 3-2　示教器按键

按键	说明
（图：F1 F2 F3 F4 F5 F6 F7 F8）	快捷键： F1：编码器界面，查看外部编码器的脉冲当量，以及监控传送带运行速度 F2：手动坐标系切换界面 F3：用户/工具界面 F4：报警信息显示界面 F5：通信台监控界面 F6：输入/输出信号监控、模拟界面 F7：减小速度倍率 F8：增大速度倍率
（图：Shift 复位 速度 Mot 单段 暂停 启动）	Shift：复合功能键，可以与其他按键组合成快捷功能键 复位：复位功能键，用于清除系统报警、停止程序运动 速度：速度倍率，手动模式下快速调整速度（10%、30%、60%共3个倍率档） Mot：伺服使能功能 LED 灯闪烁——未使能，待使能状态 LED 灯常亮——使能 OK 状态 LED 灯不亮——未使能，手动不能使能，需按"Mot"键至待使能状态 单段：报警显示灯 暂停：暂停 AR 程序运行，通过再次按下［启动］按键，继续 AR 程序运行 启动：用于自动运行模式下启动 AR 程序运行
（图：X- X+ A- A+ / Y- Y+ B- B+ / Z- Z+ C- C+）	轴操作按键：操作机器人各轴或各个关节的运动 笛卡儿坐标系　关节坐标系 X-、X+X J1 Y-、Y+Y J2 Z-、Z+Z J3 C-、C+C J4
（图：方向键 Enter(Yes) Esc(No)）	方向键：方向键，通过按下［▲/▼/◄/►］上、下、左、右键移动选择项或功能时使用，当 shift+上、下、左、右键可快速进行多字符或多行选中 Enter/Yes：确认/允许键，选择时使用 Esc/No：取消/拒绝键，选择时使用；开机按 Esc 键可进入 bios 界面
（图：R4 R1 R5 R2 文件 R3 坐标系 单步）	R1~R5：暂未使用 文件：暂未使用 坐标系：暂未使用 单步：暂未使用

（续）

按键	说明
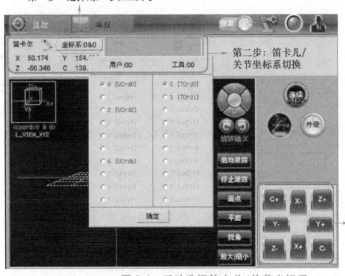 (keypad区域)	数字键：输入数字 ←：退格键，用来逐字符先后删除字符 Del：与 Shift 组合使用，用于截屏 +、-：只能通过软键盘（编程界面点按触摸屏即可弹出）输入

2. 手动选择笛卡儿/关节坐标系

笛卡儿位置（X \ Y \ Z \ C）是指机器人丝杆末端中心在当前坐标系下的位姿（位置和姿态）；关节位置是指 J1、J2、J3、J4 每个轴相对原点位置的绝对角度。通过轻轻单击笛卡儿或关节所在的区域即可实现手动笛卡儿和关节坐标系的切换。

手动笛卡儿/关节运动的三步基本操作（见图3-4）：

- 在已有的用户和工具中选择对应的用户号和工具号。
- 笛卡儿坐标系和关节坐标系的选择。
- 对应的轴操作。

第一步：选择用户号和工具号

图3-4 手动选择笛卡儿/关节坐标系

对于手动笛卡儿/关节运动，还涉及一些细节操作，例如连续/单步切换、倍率的修改等操作。

小技巧：
- 手动连续、单步移动决定手动定位的精度。
- 倍率为全局变量，影响手动和自动运行速度。

3. 手动连续/单步移动

单击""按钮可实现连续/单步移动切换。关于此操作的几点说明：

● 单步移动的最大距离由 10 号参数【10，点动自定义移动量】决定（默认值为 5.000），单步模式中按距离分为 3 种：0.10、1.00 和 5.00（自定义），如图 3-5 所示。

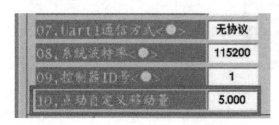

图 3-5　设定点动自定义移动量

● 在笛卡儿坐标系下，对于 X/Y/Z 轴，长度的单位是 mm，对于 C 轴，长度的单位是（°）。

● 在关节坐标系下，对于 X/Y/C 轴，长度的单位是（°），对于 Z 轴，长度的单位是 mm。

> **小技巧：**
> ● 连续功能用于手动模式下快速粗定位。
> ● 单步功能用于手动模式下的精定位，选择合适的进给量可提高定位精度。

4. 倍率修改

倍率：手动倍率或自动倍率，是指当前相对于参数设定里面的速度百分比。倍率的使用说明：

● 倍率变量是全局的，即手动和自动运行都调用同一倍率。

● 倍率影响手动和自动运行的实际速度。

● 手动实际速度是手动速度乘以手动倍率，例如：参数里设置的 J2 轴的手动速度为 200，如当前的手动倍率为 50%，则当前 J2 轴的手动速度为 200×50% = 100。

● 自动实际加工速度为当前程序的速度乘以此倍率。

● 手动和自动速度需在参数界面设置，包括插补速度以及关节速度。

● 单击图标，则可弹出倍率设置菜单，如图 3-6 所示，通过左右按键实现倍率的增大或减小。

减小速度倍率 ←  → 增大速度倍率

图 3-6　倍率设置

> **小技巧：**
> - 在任意画面下可以通过单击示教器界面的"F7"按键减小速度倍率；单击"F8"按键增大速度倍率。
> - 当前程序的速度是程序中设定的速度百分比乘以参数中设定的速度。

5. 实际/虚拟位置切换

两齿轮的分开和闭合分别对应了机器人的虚拟位置和实际位置两种状态，此功能应用于机器人处于轻拽模式下。

单击"⚙️"按钮，可切换机器人虚拟位置和实际位置转换。两齿轮分开（⚙️），则记录的是虚拟位置；两齿轮啮合（⚙️），则记录机器人的实际位置。

> **小技巧：**
> - 在一些示教操作中，可以切换成齿轮啮合（红色），这样采集的位置是机器人的实际位置。
> - 轻拽模式下，若要获取机器人的实际位置需将齿轮啮合。
> - 离线仿真运行时，若要在轨迹监控界面监控机器人的运动轨迹需将齿轮分开。

6. 机器人模式切换

机器人有3种模式：非使能模式、使能模式和轻拽模式；非使能模式和使能模式可用于自动也可用于手动运行模式；轻拽模式只适用于手动运行模式。机器人"🦾"图标，用于切换机器人3种模式：

- 默认模式为非使能模式（图标颜色为灰色）。
- 轻触机器人图标，可切换到使能模式（图标由灰色变成绿色）。
- 长按机器人图标，可切换到轻拽模式（图标由灰色变成黄色）。

3种模式的切换都是相对于非使能模式而言的，如图3-7所示。

 非使能模式：机器人处于离线模拟状态

 使能模式：机器人处于在线模拟状态

 轻拽模式：机器人易于手动操作移动

图3-7　机器人3种模式说明

小技巧：

- 手动模式下轻松将机器人推到示教位置，可将机器人切换到轻拽模式。
- 解除轻拽模式，只需要手动使能一下机器人，则自动解除轻拽模式。

7. 日志查看

单击日志球"⊙"图标，可切换到日志查看界面，此界面会记录最近产生的 12 条报警信息，如图 3-8 所示。

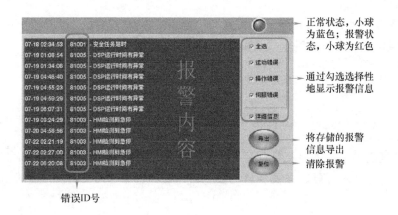

图 3-8　机器人报警日志

小技巧：

- 在任意画面下可以通过单击示教器界面的"F4"按键调用该工具来查看报警内容。
- 通过错误 ID 号可快速定位报警原因，进而快速排除故障。
- 报警已排除的情况下，可通过报警界面的复位按钮或示教器界面的复位按键来清除报警。
- 报警界面的"导出"操作，可将存储的 100 条报警信息导出到 D：\ LOG 目录下。
- 报警 ID 号以 1 开头（1 ＊＊＊＊）代表伺服报警，以 2 开头（2 ＊＊＊＊）代表运行报警，以 4 开头（4 ＊＊＊＊）代表操作类型报警，以 8 开头（8 ＊＊＊＊）代表系统类型报警。

8. 轨迹跟踪

轨迹跟踪界面主要是对运行的程序进行轨迹仿真，如图 3-9 所示。在加工运行过程中，我们在此界面可以很直观地看到末端的运行轨迹情况，一目了然，方便实用。

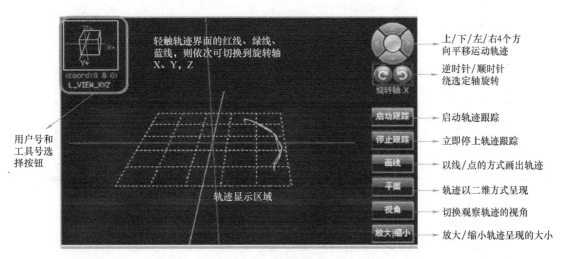

图 3-9　轨迹跟踪界面

小技巧：

- 轨迹跟踪常用于自动模式下，用于预判机器人的运行轨迹是否正确。
- 机器人处于离线运行状态时，若要在轨迹跟踪界面查看运动轨迹，需将两齿轮分开。

3.2　常用编程指令

3.2.1　运动指令

运动指令一览见表 3-3。

表 3-3　运动指令一览

指令符号	指令说明
MovL	直线方式运行到笛卡儿坐标系绝对位置的指令
MovLR	直线方式运行到笛卡儿坐标系相对位置的指令
MovP	点到点方式运行到笛卡儿坐标系绝对位置的指令
MovPR	点到点方式运行到笛卡儿坐标系相对位置的指令
MovJ	控制各个关节移动到目标角度的指令
MArchP	点到点方式控制机器人进行拱形移动的指令
MArc	从当前位置圆弧插补到笛卡儿坐标系绝对位置的指令
MCircle	笛卡儿坐标系下的整圆插补指令

（续）

指令符号	指令说明
MSpline	样条曲线插补运动指令
handmove	自动运行状态下实现手动笛卡儿/关节的连续、点动运动
stoprun	自动运行状态下实现停止手动直线运动
waitpos	等待运动脉冲发送完成指令（运动 DSP 发送脉冲完成指令）
waitrealpos	机器人运动到位（停稳）指令（伺服响应脉冲到位指令）

1. MovL

（1）使用说明　以直线方式运行到笛卡儿坐标系下的目标绝对位置。

（2）语法说明　STA = MovL(A, "CP = 20 Acc = 20 Dec = 20 Spd = 100 AccC = 20 SpdC = 20 I = 0 In = 10 ON/OFF")。

（3）参数说明　该指令共有两个参数，第 1 个参数 A 为目标点，第 2 个参数为可选参数，省略时系统默认全局状态值。

1）输入参数说明：

① A 笛卡儿坐标目标位置：可以是点的名称 p1 ~ p2999，也可以是点的索引号 1 ~ 2999。

② 可选参数：可以指定运动到目标位置的各项参数。

CP 可选参数，说明运动到目标点时是否平滑过渡，范围为 0 ~ 100。

Acc 可选参数，指定运动到目标位置的加速度，单位为 mm/s^2。

Dec 可选参数，指定运动到目标位置的减速度，单位为 mm/s^2。

Spd 可选参数，指定运动到目标位置的速度，单位为 mm/s。

AccC 可选参数，指定运动到目标位置的姿态加速度，单位为 $°/s^2$。

SpdC 可选参数，指定运动到目标位置的姿态角速度，单位为 $°/s^2$。

I 可选参数，第三轴电流设定值，单位为 mA。若运动过程中的电流超过了设定值，则当前运动指令停止，继续往下执行其他指令。

In 可选参数，输入检测信号。若运动过程中检测到该输入信号，则当前的运动停止，继续往下执行其他指令。

ON/OFF，ON 表示打开；OFF 表示关闭。

2）返回值说明：

STA

0：指令运行正常。

1：输入信号中断运行。

-1：电流到达阈值中断运行。

MovL 指令工作示意图如图 3-10 所示。

（4）举例说明

1）MovL(p1)——机器人以直线方式从当前位置运动到 p1 目标点。

2）MovL(10)——机器人以直线方式从当前位置运动到 p10 目标点。

3）MovL(10,"Acc = 100 Spd = 1000")——机器人以直线方式从当前位置运动到目标点

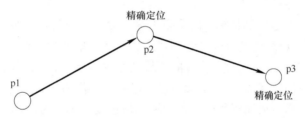

图 3-10 MovL 指令工作示意图

p10，其中加速度为 100mm/s^2，速度为 1000mm/s。

4）MovL(p20,"CP=20")——机器人以直线方式运动到 p20 位置，其中目标位置 p20 以平滑度 20 过渡。

5）MovL(p20,"In=10 ON")——机器人以直线方式运动到 p20 目标位置，在运动过程中如果检测输入信号 In10 打开，则当前指令运行结束。

6）MovL(p3,"I=2000")——机器人以直线方式运动到 p3 目标位置，在运动过程中如果检测电流超过 2000mA，则当前指令运行结束。

7）MovL(p10+Z(-10))——机器人以直线方式从当前位置运动到 p10 点下方 10mm 的位置。

8）MovL(p10+Z(10))——机器人以直线方式从当前位置运动到 p10 点上方 10mm 的位置。

9）local pos={x=300,y=100,z=-50,c=60}——用户定义 pos 点变量 MovL（pos+X（-10）），机器人以直线方式从当前位置运动到相对于 pos 点 X 负方向 10mm 的位置。

10）MovL(12+Y(10))——机器人以直线方式从当前位置运动到相对于 p12 点 Y 正方向 10mm 的位置。

> 注意：
> ● 可选参数编程时可以根据需要进行设置，其中 Acc、Spd 省略时，系统默认全局值，当设置 In 选项触发停止时，参数 ON/OFF 才会有意义，而且只能二选一设置信号有效停止或无效停止。
> ● 当使用 MovL 进行直线偏移时，一定要用正号（+）连接轴实现偏移，偏移的正负取决于轴括号内数字的正负。
> ● 大写 X、Y、Z、C 分别表示 X 轴、Y 轴、Z 轴、C 轴方向的轴偏移。

2. MovLR

（1）使用说明　以直线方式运行到笛卡儿坐标系下的目标相对位置。

（2）语法说明　STA=MovLR（A，B,"CP=20 Acc=20 Dec=20 Spd=100 AccC=20 SpdC=20 I=0 In=10 ON/OFF"）。

（3）参数说明：该指令共有 3 个参数，第 1 个参数 A 为笛卡儿坐标轴号，第 2 个参数 B 为移动的相对距离，第 3 个参数为可选参数，省略时系统默认全局状态值。

1）输入参数说明：

A（AX，AY，AZ，AC）各笛卡儿坐标轴号。

B 各轴移动的相对距离。

CP 可选参数，说明运动到目标点时是否平滑过渡，范围为 0~100。

Acc 可选参数，指定运动到目标位置的直线加速度，单位为 mm/s^2。

Dec 可选参数，指定运动到目标位置的直线减速度，单位为 mm/s^2。

Spd 可选参数，指定运动到目标位置的直线速度，单位为 mm/s。

AccC 可选参数，指定运动到目标位置的姿态加速度，单位为 $°/s^2$。

SpdC 可选参数，指定运动到目标位置的姿态角速度，单位为 $°/s^2$。

I 可选参数，第三轴电流设定值，单位为 mA。若运动过程中的电流超过了设定值，则当前运动停止，继续往下执行。

In 可选参数，输入检测信号。若运动过程中检测到该输入信号，则当前的运动停止，继续往下执行。

ON/OFF，ON 表示打开；OFF 表示关闭。

2）返回值说明：

STA

0：指令运动正常。

1：输入信号中断运行。

-1：电流到达阈值中断运行。

（4）举例说明

1）MovLR(AX,10)——从当前位置往 X 轴正方向移动 10mm 的距离。

2）MovLR(AC,10)——从当前位置往 C 轴正方向移动 10° 的角度。

3）MovLR(AY,10)——从当前位置往 Y 轴正方向移动 10mm 的距离。

4）MovLR(AZ,-10)——从当前位置往 Z 轴负方向移动 10mm 的距离。

3. MovP

（1）使用说明　以点到点方式运行到笛卡儿坐标系下的目标绝对位置。

（2）语法说明　STA = MovP(A," CP = 20 Acc = 20 Dec = 20 Spd = 100 I = 0 In = 10 ON/OFF")。

（3）参数说明　该指令共有两个参数，第 1 个参数 A 为目标点，第 2 个参数为可选参数，省略时系统默认全局状态值。

1）输入参数说明：

A 笛卡儿坐标目标位置。可以是点的名称 p1~p2999，也可以是点的索引号 1~2999。

CP 可选参数，说明运动到目标点时是否平滑过渡，范围为 0~100。

Acc 可选参数，指定运动到目标位置的加速度比例，范围为 1~100。

Dec 可选参数，指定运动到目标位置的减速度比例，范围为 1~100。

Spd 可选参数，指定运动到目标位置的速度比例，范围为 1~100。

I 可选参数，第三轴电流设定值，单位为 mA。若运动过程中的电流超过了设定值，则会报警（电流超出报警）终止整个程序运行。

In 可选参数，输入检测信号。若运动过程中检测到该输入信号，则当前的运动停止，继续往下执行。

ON/OFF，ON 表示打开；OFF 表示关闭。

2）返回值说明：

STA

0：指令运动正常。

1：输入信号中断运行。

-1：电流到达阈值中断运行。

MovP 指令工作示意图如图 3-11 所示。

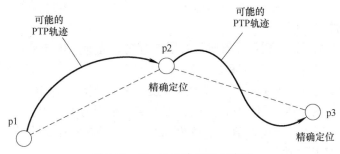

图 3-11　MovP 指令工作示意图

（4）举例说明

1）MovP(p1)——机器人以点到点方式从当前位置运动到 p1 目标点。

MovP(10)——机器人以点到点方式从当前位置运动到 p10 目标点。

2）MovP(10,"Acc=50 Spd=50")——机器人以点到点方式从当前位置运动到 p10 目标点，其中加速度为 50% 的倍率，速度为 50% 的倍率。

3）MovP(p20,"CP=20")——机器人以点到点方式运动到 p20 位置，其中目标位置 p20 以平滑度 20 过渡。

4）local p={x=200,y=10,z=-10,c=30}——用户定义 p 点变量。

MovP(p)——运动到 p 点目标位置。

5）MovP(p10+Z(-10))——机器人以点到点方式从当前位置运动到 p10 点下方 10mm 的位置。

6）MovP(p10+Z(10))——机器人以点到点方式从当前位置运动到 p10 点上方 10mm 的位置。

7）local pos={x=300,y=100,z=-50,c=60}——用户定义 pos 点变量。

MovP(pos+X(-10))——机器人以点到点方式从当前位置运动到相对于 pos 点 X 负方向 10mm 的位置。

8）MovP(12+Y(10))——机器人以点到点方式从当前位置运动到相对于 p12 点 Y 正方向 10mm 的位置。

> 注意：
> ● 当使用 MovP 进行点位偏移时，一定要用正号（+）连接轴实现偏移，偏移的正负取决于轴括号内数字的正负。
> ● 大写 X、Y、Z、C 分别表示 X 轴、Y 轴、Z 轴、C 轴方向的轴偏移。

4. MovPR

（1）使用说明　以点到点方式运行到笛卡儿坐标系下的目标相对位置。

（2）语法说明　STA = MovPR（A，B," CP = 20 Acc = 20 Dec = 20 Spd = 100 I = 0 In = 10 ON/OFF"）。

（3）参数说明

1）输入参数说明：

A AX，AY，AZ，AC 各笛卡儿坐标轴号。

B 各轴移动的相对距离。

CP 可选参数，说明运动到目标点时是否平滑过渡，范围为 0~100。

Acc 可选参数，指定运动到目标位置的加速度比例，范围为 1~100。

Dec 可选参数，指定运动到目标位置的减速度比例，范围为 1~100。

Spd 可选参数，指定运动到目标位置的速度比例，范围为 1~100。

I 可选参数，第三轴电流设定值，单位为 mA。若运动过程中的电流超过了设定值，则当前运动停止，继续往下执行。

In 可选参数，输入检测信号。若运动过程中检测到该输入信号，则当前的运动停止，继续往下执行。

ON/OFF，ON 表示打开；OFF 表示关闭。

2）返回值说明：

STA

0：指令运动正常。

1：输入信号中断运行。

-1：电流达到阈值中断运行。

（4）举例说明

1）MovPR（AX,10）——从当前位置以点到点方式往 X 轴正方向移动 10mm 的距离。

2）MovPR（AC,10）——从当前位置以点到点方式往 C 轴正方向移动 10°的角度。

5. MovJ

（1）使用说明　以点到点方式移动机器人各个关节到指定的角度绝对位置。

（2）语法说明

1）MovJ（A，B," Acc = 20 Dec = 20 Spd = 20"）。

2）MovJ（A," Acc = 20 Dec = 20 Spd = 20"）。

（3）参数说明

1）用法 1：各指令参数说明：

A J1，J2，J3，J4 对应机器人各个关节号。

B 各关节移动的目标角度。

Acc 可选参数，指定运动到目标位置的加速度比例，范围为 1~100。

Dec 可选参数，指定运动到目标位置的减速度比例，范围为 1~100。

Spd 可选参数，指定运动到目标位置的速度比例，范围为 1~100。

2）用法 2：各指令参数说明：

A 每个轴的关节目标位置（数组变量）。

Acc 可选参数，指定运动到目标位置的加速度比例，范围为 1~100。

Dec 可选参数，指定运动到目标位置的减速度比例，范围为 1~100。

Spd 可选参数，指定运动到目标位置的速度比例，范围为 1~100。

（4）举例说明

1）MovJ（J1,10）——机器人第一关节移动到 10° 的位置。

2）MovJ（J3,-10）——机器人第三关节移动到-10mm 的位置。

3）JointAngle = {x = 30, y = 40, z = 10, c = 30}

MovJ（JointAngle, "Acc = 20 Dec = 20 Spd = 20"）——关节运动到目标位置点。

> **注意：**
> 关节运动时第三关节 J3 以 mm 为单位，其他关节的单位为角度。

6. MArchP

（1）使用说明　机器人以点到点方式做拱形运动。

（2）语法说明

1）STA = MArchP（A，B，C，D, "Acc = 20 Dec = 20 Spd = 100 I = 0 In = 10 ON/OFF"）。

2）STA = MArchP（A，B, "Acc = 20 Dec = 20 Spd = 100 I = 0 In = 10 ON/OFF"）。

（3）参数说明

1）用法 1 输入参数说明：

A 笛卡儿坐标目标位置。可以是点的名称 p1~p2999，也可以是点的索引号 1~2999。

B Z 轴最高限位绝对位置，单位为 mm。

C Z 轴上升的高度，单位为 mm。

D Z 轴下降的高度，单位为 mm。

Acc 可选参数，指定拱形运动的加速度比例，范围为 1~100。

Dec 可选参数，指定拱形运动的减速度比例，范围为 1~100。

Spd 可选参数，指定拱形运动的速度比例，范围为 1~100。

I 可选参数，第三轴电流设定值，单位为 mA。若运动过程中的电流超过了设定值，则当前运动停止，继续往下执行。

In 可选参数，输入检测信号。若运动过程中检测到该输入信号，则当前的运动停止，继续往下执行。

ON/OFF，ON 表示打开；OFF 表示关闭。

MArchP 指令工作示意图如图 3-12 所示。

2）用法 2 输入参数说明：

A 笛卡儿坐标目标位置。可以是点的名称 p1~p2999，也可以是点的索引号 1~2999。

B Z 轴最高限位（绝对位置），也是 Z 轴要实际走到的高度，单位为 mm。

Acc 可选参数，指定拱形运动的加速度比例，范围为 1~100。

Dec 可选参数，指定拱形运动的减速度比例，范围为 1~100。

Spd 可选参数，指定拱形运动的速度比例，范围为 1~100。

I 可选参数，第三轴电流设定值，单位为 mA。若运动过程中的电流超过了设定值，则当前运动停止，继续往下执行。

In 可选参数，输入检测信号。若运动过程中检测到该输入信号，则当前的运动停止，继续往下执行。

ON/OFF，ON 表示打开；OFF 表示关闭。

3）返回值说明：

STA

0：指令运动正常。

1：输入信号中断运行。

-1：电流达到阈值中断运行。

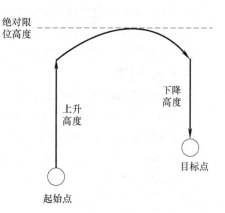

图 3-12　MArchP 指令工作示意图

（4）举例说明

1）MArchP(p1,0,10,5)——机器人从当前位置 Z 轴上升 10mm 距离，然后以点到点的运动方式移动到距离目标位置 5mm 处，Z 轴下降 5mm 到达目标位置 [拱形的高度不能超过 Z 轴的最高限 0mm（绝对位置）]。

2）MArchP(p1,0,10,5,"Acc = 50 Spd = 100")——机器人以 50% 的加速度，100% 的速度做点到点方式拱形运动。

3）MArchP(p2,-10)——机器人从当前位置 Z 轴上升到-10mm 位置，然后以点到点的运动方式移动到（p2.x，p2.y，-10，p2.c）位置，最后 Z 轴下降（-10-p2.z）到达目标位置。

7. MArc

（1）使用说明　机器人在笛卡儿坐标系下的圆弧运动。

（2）语法说明　MArc(A，B，"CP = 20 Acc = 20 Dec = 20 Spd = 100 Angle = 360")。

（3）参数说明

A 笛卡儿坐标圆弧经过点。可以是点的名称 p1~p2999，也可以是点的索引号 1~2999。

B 笛卡儿坐标圆弧终点。可以是点的名称 p1~p2999，也可以是点的索引号 1~2999。

CP 可选参数，说明运动到目标点时是否平滑过渡，范围为 0~100。

Acc 可选参数，指定运动到目标位置的加速度，单位为 mm/s^2。

Dec 可选参数，指定运动到目标位置的减速度，单位为 mm/s^2。

Spd 可选参数，指定运动到目标位置的速度，单位为 mm/s。

Angle 可选参数，指定圆弧的角度，范围为 1~360。

MArc 指令工作示意图如图 3-13 所示。

（4）举例说明

1）MArc(p1,p2)——机器人从当前位置以圆弧的方式经过 p1 点运动到 p2 点目标位置。

2）MArc(1,2)——机器人从当前位置以圆弧的方式经过 p1 点运动到 p2 点目标位置。

3）MArc(1,2,"Acc = 100 Spd = 1000")——机器人从当前位置以圆弧的方式经过 p1 点运动到 p2 目标点，其中加速度为 $100mm/s^2$，速度为 1000mm/s。

4）MArc(1,2,"CP = 20")——机器人圆弧运动到 p2 点时平滑过渡。

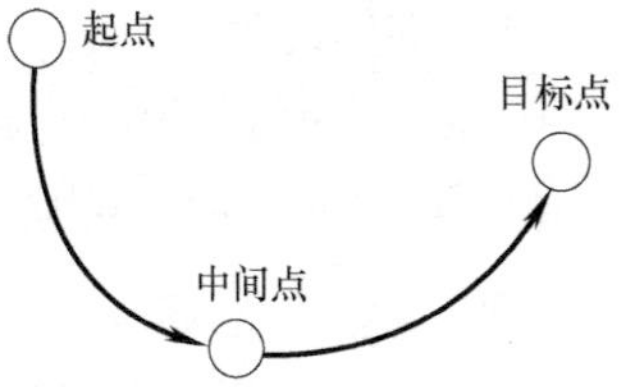

8. MCircle

（1）使用说明 机器人在笛卡儿坐标系下的圆周运动。

（2）语法说明 MCircle（A，B,"CP=20 Acc=20 Dec=20 Spd=100 Angle=360"）。

（3）参数说明

A 笛卡儿坐标圆周经过中间点1。可以是点的名称 p1~p2999，也可以是点的索引号1~2999。

图 3-13 MArc 指令工作示意图

B 笛卡儿坐标圆周经过中间点2。可以是点的名称 p1~p2999，也可以是点的索引号1~2999。

CP 可选参数，说明运动到目标点时是否平滑过渡，范围为0~100。

Acc 可选参数，指定运动到目标位置的加速度，单位为 mm/s²。

Dec 可选参数，指定运动到目标位置的减速度，单位为 mm/s²。

Spd 可选参数，指定运动到目标位置的速度，单位为 mm/s。

Angle 指定圆周的角度，范围为1~360。

MCircle 指令工作示意图如图 3-14 所示。

（4）举例说明

1）MCircle(p1,p2)——机器人从当前位置经过 p1 点运动到 p2 点目标位置的整圆运动。

2）MCircle(1,2)——机器人从当前位置经过 p1 点运动到 p2 点目标位置的整圆运动。

3）MCircle(1,2,"Acc=100 Spd=1000")——机器人从当前位置经过 p1 点运动到 p2 点目标位置的圆周运动，其中加速度为100mm/s²，速度为 1000mm/s。

图 3-14 MCircle 指令工作示意图

4）MCircle(1,2,"CP=20")——机器人圆周运动到 p2 点时平滑过渡 p2 点。

5）MCircle(1,2,"Angle=180")——机器人从当前位置往 p1 点到 p2 点的方向运动 180°的半圆。

9. MSpline

（1）使用说明 样条曲线插补运动指令。

（2）语法说明 MSpline（A，B,"CP=20 Acc=20 Dec=20 Spd=100 AccC=20 SpdC=20"）。

（3）参数说明

A 样条曲线起始点（点位表中示教）。

B 样条曲线结束点（点位表中示教）。

Acc 可选参数，指定运动到目标位置的加速度，单位为 mm/s²。

Dec 可选参数，指定运动到目标位置的减速度，单位为 mm/s²。

Spd 可选参数，指定运动到目标位置的速度，单位为 mm/s。

AccC 可选参数，指定运动到目标位置的姿态加速度，单位为（°)/s²。

SpdC 可选参数，指定运动到目标位置的姿态角速度，单位为（°)/s。

（4）举例说明

1）MSpline(p1,p10)——p1~p10 点共 10 个点形成的样条曲线轨迹。

2）MSpline(p10,p150)——p10~p150 共 141 个点形成的样条曲线轨迹。

注意：

① 起始点、结束点以及之间的点位都需要在点位表（DATA.PTS）中示教（必须连续，中间的点位数据不能为空，否则出错）。

② 从起始点到结束点，点位坐标（数据）个数不能少于 3 个，也不能超过300 个。

③ 样条曲线插补运动指令，必须结合示教器参数里的样条曲线参数（默认拆分步长）。

④ 该指令会自动判断起始点与结束点坐标是否为同一个点，若为同一个点，则曲线封闭，否则曲线不封闭。

10. waitpos

（1）使用说明　等待运动脉冲发送完成指令（运动 DSP 发送脉冲完成指令）。

（2）语法说明　waitpos( )。

（3）举例说明

MovP(p1)

MovP(p2)

waitpos( )——等待运动 DSP 将运动到 p2 点的脉冲全部发送给伺服 DSP

a=1——若无 waitpos( ) 指令，a 的值会提前打印

print("a")

11. waitrealpos

（1）使用说明　机器人运动到位（停稳）指令（伺服响应脉冲到位指令）

（2）语法说明　waitrealpos( )。

（3）举例说明

MovP(p1)

waitrealpos( )——等待机器人到达 p1 点（伺服响应有一定的滞后性）

print("已到达 p1 点")

3.2.2　运动参数设置指令

运动参数设置指令一览见表 3-4。

表 3-4　运动参数设置指令一览

指令符号	指令说明
AccJ	设置加速度比例指令，影响 MovJ、MovJR、MovP、MovPR、MArchP 指令的加速时间

（续）

指令符号	指令说明
DecJ	设置减速度比例指令，影响 MovJ、MovJR、MovP、MovPR、MArchP 指令的减速时间
SpdJ	设置速度比例指令，影响 MovJ、MovJR、MovP、MovPR、MArchP 指令的运行速度
AccL	设置直线运动指令加速度，影响 MovL、MovLR、MArc、MCircle 指令的加速时间。单位为 mm/s^2
DecL	设置直线运动指令减速度，影响 MovL、MovLR、MArc、MCircle 指令的减速时间。单位为 mm/s^2
SpdL	设置直线运动指令速度，影响 MovL、MovLR、MArc、MCircle 指令的运行速度。单位为 mm/s

1. AccJ

（1）使用说明　设置点到点运动方式的加速度比例。

（2）语法说明　AccJ(A)。

（3）参数说明　A 百分比，范围为 1~100。

（4）举例说明

1）AccJ(50)——设置点到点 50% 的加速度比例。

2）MovP(p2)——机器人以 50% 的加速度比例运动到 p2 点目标位置。

> **注意：**
> 设置后机器人一直保持该全局加速度比例为点到点运动的默认加速度比例值，直到下一次更新。

2. DecJ

（1）使用说明　设置点到点运动方式的减速度比例。

（2）语法说明　DecJ(A)。

（3）参数说明　A 百分比，范围为 1~100。

（4）举例说明

1）DecJ(50)——设置点到点 50% 的减速度比例。

2）MovP(p2)——机器人以 50% 的减速度运动到 p2 点目标位置。

3. SpdJ

（1）使用说明　设置点到点运动方式的速度比例。

（2）语法说明　SpdJ(A)。

（3）参数说明　A 百分比，范围为 1~100。

（4）举例说明

1）SpdJ(50)——设置点到点 50% 的速度比例。

2）MovP(p2)——机器人以50%的速度比例运动到p2点目标位置。

4. AccL

（1）使用说明　设置直线运动方式的加速度。

（2）语法说明　AccL(A)。

（3）参数说明　A实际加速度，单位为mm/s^2，范围为1~10000。

（4）举例说明

1）AccL(500)——设置直线运动的加速度为500mm/s^2。

2）MovL(p2)——机器人以500mm/s^{2}的加速度运动到p2点目标位置。

5. DecL

（1）使用说明　设置直线运动方式的减速度。

（2）语法说明　DecL(A)。

（3）参数说明　A实际减速度，单位为mm/s^2，范围为1~10000。

（4）举例说明

1）DecL(500)——设置直线运动的减速度为500mm/s^2。

2）MovL(p2)——机器人以500mm/s^{2}的减速度运动到p2点目标位置。

6. SpdL

（1）使用说明　设置直线运动方式的速度。

（2）语法说明　SpdL(A)。

（3）参数说明　A实际速度，单位为mm/s。

（4）举例说明

1）SpdL(500)——设置直线运动的速度为500mm/s。

2）MovL(p2)——机器人以500mm/s的速度运动到p2点目标位置。

3.2.3　程序管理指令

程序管理指令一览见表3-5。

表3-5　程序管理指令一览

指令符号	指令说明
Delay	延时指令。单位：ms
Exit	程序运行终止
Pause	暂停程序运行

1. Delay

（1）使用说明　延时指令。

（2）语法说明　Delay(A)。

（3）参数说明　A延时时间，单位为ms，范围为1~100000。

（4）举例说明

1）Delay(1000)——程序延时1000ms。

2）Delay(1)——机器人延时1ms。

3）local time=1000。

Delay(time)——参数为变量。

2. Exit

（1）使用说明 退出程序执行指令。

（2）语法说明 Exit()。

（3）参数说明 该指令无参数。

（4）举例说明

Exit()——执行该指令后程序停止执行。

MovL(1)——该指令不会被执行。

3. Pause

（1）使用说明 暂停程序执行指令。

（2）语法说明 Pause()。

（3）参数说明 该指令无参数。

（4）举例说明

Pause()——执行该指令后程序暂停执行，按启动键后程序继续运行。

MovL(p1)

> 注意:
> ● 暂停后，按启动键后程序会继续从暂停行继续运行。

3.2.4 输入输出指令

输入输出指令一览见表3-6。

表3-6 输入输出指令一览

指令符号	指令说明
DI	读取输入端口状态
DO	输出端口打开或关闭操作
WDI	读取输入端口状态，直到等待某一信号有效，则继续执行后续的程序
WDO	读取输出端口状态，直到等待某一信号有效，则继续执行后续的程序

1. DI

（1）使用说明 读取输入端口状态。

（2）语法说明

形式1：DI(-1)或DI(-2)。

形式2：DI(A)。

（3）参数说明

形式1：DI(-1)的返回值是一个32位的二进制数转化的十进制数值，从低位到高位分别代表输入端口（0~31）的状态值；DI(-2)的返回值也是一个32位的二进制数转化的十进制数值，低两位分别代表输入端口（32、33）的状态值。其中0代表关闭，1代表打开。

形式2：返回值是ON（OFF）或十进制的值。

各指令参数说明：

A 读取的输入端口号，范围为0~33。

（4）举例说明

1）local input=DI(-1)——获取输入端口（0~31）的状态。

if((input>>0)&0x0001)==1 then——判断输入端口0是否打开，若为1，则输入端口0打开。

MovP(p1)

elseif((input>>9)&0x0001)==1 then——判断输入端口9是否打开，若为1，则输入端口9打开。

MovP(p2)

end

2）if DI(10)==ON then——输入端口10有效时运动到p1点。

MovP(p1)

end

3）value=DI({1,2,3})——读取输入端口1，2，3的状态，若返回值。value为7（111），则表示输入端口1，2，3打开；若value为6（110），则1，2打开，3关闭；若value为5（101），则1，3打开，2关闭…依此类推…

注意：
- DI指令只是读取输入端口的状态，状态有效或无效都不会处于死等待状态。
- 若同时读取某几个输入端口的状态，输入端口一定要按照从小到大或从大到小的顺序排序。

2. DO

（1）使用说明　输出端口打开或关闭操作。

（2）语法说明

用法1：DO(A，B)。

用法2：DO(A，B，"Time=C")。

用法3：DO(A，B，"F")。

用法4：DO(A，B，"Time=C H")。

用法5：DO(A，B，"Time=C F")。

用法6：DO(A，B，"POS=D")。

（3）参数说明　返回值为ON或OFF。

各指令参数说明：

A 读写的输出端口号，范围为0~26，可以是单个端口，也可以是多个端口。

B 输出端口的状态值。

C 可选参数，时间为 ms。

D 位置百分比。

（4）举例说明

1）DO(10,ON)——打开 10 号输出端口为 ON。

2）DO(10,ON,"Time=1000")——打开 10 号输出端口为 ON，并保持 1s，1s 之后输出端口 10 切换为 OFF。

3）DO({1,2,3,4},{ON,ON,ON,ON})——打开输出端口 1、2、3、4 为 ON。

4）DO({5,6,7,8},{ON,OFF,ON,OFF})——打开输出端口 5、7 为 ON，关闭输出端口 6、8 为 OFF。

5）DO({9,10},{ON,ON},"Time=2000")——打开输出端口 9、10，并保持 2s，2s 之后输出端口 9、10 切换为 OFF。

6）DO({9,10},{0,0},"Time=2000")——打开输出端口 9、10 为 OFF，并保持 2s，2s 之后输出端口 9、10 切换为 ON。

7）DO({1,2,3},7)——7 对应的二进制为 111，则表示打开输出端口 1、2、3 都为 ON。

8）DO({1,2,3},5)——5 对应的二进制为 101，则表示打开输出端口 1、3 为 ON，关闭输出端口 2 为 OFF。

9）MovP(p9)

DO(1,ON,"F")

MovP(p10)——从当前位置运动到 p9 点，到达 p9 点后打开输出端口 1，然后运动到 p10 点，运动连续。

10）MovP(p1)

MovP(p2)

DO(1,ON,"POS=50")——从 p1 点运动到 p2 点的 50% 距离时打开输出端口 1。

11）MovP(p1)

MovP(p2)

DO(1,ON,"Time=100H")——从 p1 点运动到 p2 点，在到达 p2 点前的 100ms 打开输出端口 1。

12）MovP(p1)

MovP(p2)

DO(1,ON,"Time=50F")——从 p1 点运动到 p2 点，在到达 p2 点后的 50ms 打开输出端口 1。

注意：

● 可选参数 Time 为输出端口保持时间，超过保持时间后会将当前的输出端口状态切换为相反状态。

- 若同时打开或关闭某几个输出端口，输出端口一定要按照从小到大或从大到小的顺序排序。
- 缓存 IO 功能不适用于组合 IO 的情况。
- 缓存 IO 功能适用于点到点运动（MovP）、直线运动（MovL）以及拱形运动（MArchP）。
- Time、POS、F、H 为 DO 指令中的关键字，不能修改。
- 运动过程中启用缓存 IO 功能，当前的运动不会终止，运动连续。

3. WDI

（1）使用说明　读取输入端口状态，直到等待某一或多个信号有效，则继续执行后续的程序。

（2）语法说明　WDI(A，B)

WDI(A，B,"Time = 1000")

（3）参数说明　返回值为 1（ON）或 0（OFF）。

各指令参数说明：

A 读取的输入端口号。

B 输入端口的状态值，ON 或 OFF。

Time 可选参数，等待时间，单位为 ms。

（4）举例说明

1）local flag = WDI(10,ON)——直到等到输入端口 10 状态为 ON 再执行 MovP 指令。

print(flag)——返回值为 1。

MovP(p1)

2）local flag = WDI(10,OFF)——直到等到输入端口 10 状态为 OFF 再执行 MovP 指令。

print（flag）——返回值为 0。

MovP(p1)

3）local flag = WDI(10,ON,"Time = 2000")——等待输入端口 10 状态为 ON，等待时间 2s，若 2s 后输入端口 10 状态仍为 OFF，则继续执行 MovP 指令。

if flag == 1 then——在 2s 内输入端口 10 状态检测为 ON。

MovP(p1)

elseif flag == 0 then——在 2s 内输入端口 10 状态一直检测为 OFF。

MovP(p2)

end

4）local flag = WDI({1,2,3},{ON,ON,ON})——直到同时等到输入端口 1、2、3 同时为 ON 再执行 MovP 指令。

print(flag)——返回结果为 7（对应二进制的 111）。

MovP(p1)

5）local flag = WDI({1,2,3},{ON,ON,ON},"Time = 2000")——等待输入端口 1、2、3

状态为 ON，等待时间为 2s，若 2s 之后输入端口仍 OFF，仍继续执行 MovP 指令。

if flag==7 then——输入端口 1、2、3 在 2s 内状态检测到为 ON。

MovP(p1)

elseif flag==0 then

MovP(p2)——输入端口 1、2、3 在 2s 内状态一直检测为 OFF。

End

注意：
- 若同时等待某几个输入端口的状态，输入端口一定要按照从小到大或从大到小的顺序排列。

4. WDO

（1）使用说明　读取输出端口状态，等待某一信号有效，则继续执行后续的程序。

（2）语法说明　WDO(A，B)。

WDO(A，B,"Time=1000")。

（3）参数说明　返回值 ON 或 OFF。

各指令参数说明：

A 读取的输出端口号。

B 输出端口的状态值，ON 或 OFF。

Time 可选参数，等待时间，单位为 ms。

（4）举例说明

1）WDO(10，ON)

MovP(p2)——直至等到输入端口 10 状态为 ON 再执行 MovP 指令。

2）WDO(10，ON,"Time=2000")

MovP(p2)——等待输出端口 10 状态为 ON，等待时间为 2s，若 2s 之后输出端口 10 状态仍为 OFF，则继续执行 MovP。

3.2.5　通信指令

通信指令一览见表 3-7。

表 3-7　通信指令一览

指令符号	指令说明
publicread	读取全局表数据值
publicwrite	写入数据值到全局表

1. publicread

（1）使用说明　读取全局表数据值。

（2）语法说明

用法 1：C=publicread(A,"B")。

用法 2：C = publicread(A, len,"B")。

（3）参数说明

A 全局数据表中的地址。

B 可选参数，读取数据的方式，整型（可省略)/浮点型/十六进制。

len 连续读取地址的个数。

C 读取全局表中地址对应的数据值。

（4）举例说明

1) local a = publicread(0x100,"float")——AR 以浮点型方式读地址 0x100 的值。

2) local b = publicread(0x102)——AR 以整型方式读地址 0x102 的值。

3) local c = publicread(0x100,3)——从 0x100 开始连续读取 3 个地址（0x100, 0x102, 0x104)的数值（整型），返回的值存储在数组 c 中，c[1] 为地址 0x100 里面的值，依此类推……

4) local c = publicread(0x100,3,"float")——从 0x100 开始连续读取 3 个地址（0x100, 0x102, 0x104) 的数值（浮点型），返回的值存储在数组 c 中，c[1] 为地址 0x100 里面的值，依此类推……

2. publicwrite

（1）使用说明　写入数据值到全局表。

（2）语法说明

用法 1：publicwrite(A, B,"D")。

用法 2：publicwrite(A, C,"D")。

（3）参数说明

A 全局表数据值的地址。

B 写入到对应地址的数据。

C 写入到连续地址中的数组。

D 写入数据的方式，整型（可省略)/浮点型/十六进制。

（4）举例说明

1) publicwrite(0x102,10.5,"float")——浮点型方式写入到地址 0x100 的值。

2) publicwrite(0x102,5)——以整型方式写入到地址 0x102 的值。

3) publicwrite(0x100,{100,200,300})——将数组 {100, 200, 300}（整型）分别写入到以 0x100 为起始地址的连续 3 个地址中（0x100, 0x102, 0x104)。

4) publicwrite(0x100,{10.1,200.1,300.1},"float")——将数组 {10.1, 200.1, 300.1}（浮点型）分别写入到以 0x100 为起始地址的连续 3 个地址中（0x100, 0x102, 0x104)。

3.2.6 视觉指令

视觉指令一览见表 3-8。

表 3-8　视觉指令一览

指令符号	指令说明
InitTCPnet	网络通信初始化
CCDrecv	接收视觉返回的坐标数据

（续）

指令符号	指令说明
CCDtrigger	触发相机拍照
CCDsent	发送字符串到视觉
CCDGet	接收视觉返回的字符串类型数据

1. InitTCPnet

（1）使用说明　网络通信初始化。

（2）语法说明　InitTCPnet("CamName")。

（3）参数说明　CamName 视觉名称（字符串类型），在视觉 UI 配置时生成。

（4）举例说明

```
local pos = { }
InitTCPnet("CAM1")——初始化网络 IP 以及端口。
while 1 do
Delay(10)
local n,data = CCDrecv("CAM1")——接收相机 CAM1 发送的网络数据。
if data then——如果接收数据不为空,则进行 for 循环。
for i = 1,n do
if data[i][1] ~ = 0 or data[i][2] ~ = 0 then
print(data[i][1],data[i][2],data[i][3])
——如果接收的视觉数据 X,Y 不为 0,则数据有效。
pos.x = data[i][1]——data[i][1] 赋值给 pos.x
pos.y = data[i][2]——data[i][2] 赋值给 pos.y
pos.c = data[i][3]——data[i][3] 赋值给 pos.c
pos.z = -20
MovP(pos)
end
end
end
end
```

2. CCDrecv

（1）使用说明　接收视觉返回的坐标数据。

（2）语法说明　n, data, err = CCDrecv("CamName")。

（3）参数说明　CamName 视觉名称（字符串类型），在视觉 UI 配置时生成。

返回值：

n 接收视觉数据的组数。

data 接收视觉返回的绝对坐标,可直接用于点位运动。

err 错误号,0 为正常返回,非 0 为异常返回。

（4）举例说明

```
local pos = { }
```

local n,data,err=CCDrecv("CAM1")——接收视觉 CAM1 的数据。

if err==0 and n~=nil then

for i=1,n do——n 决定循环的次数。

print(i,data[i][1],data[i][2],data[i][3])——打印每组数据。

if data[i][1]~=0 or data[i][2]~=0 then——判断数据不同时为零。

pos. x=data[i][1]——数据 data[i][1] 赋值给 pos. x。

pos. y=data[i][2]——数据 data[i][2] 赋值给 pos. y。

pos. z=0

pos. c=data[i][3]——数据 data[i][3] 赋值给 pos. c。

MovP(pos)——点到点方式运动到点 pos。

end

end

elseif err==0 and n==nil then

print("数据格式配置错误")

elseif err~=0 then

print("网线断开或 IP 配置错误或网络超时")

end

3. CCDtrigger

（1）使用说明　触发相机拍照。

（2）语法说明　CCDtrigger("CamName")。

（3）参数说明　CamName 视觉名称（字符串类型），在视觉 UI 配置时生成，可根据设置自动识别网络触发 or IO 触发。

（4）举例说明　CCDtrigger("CAM1")

4. CCDsent

（1）使用说明　发送字符串到视觉。

（2）语法说明　CCDsent("CamName"，Buff)。

（3）参数说明　CamName 视觉名称（字符串类型），在视觉 UI 配置时生成。
Buff 发送的字符串。

（4）举例说明

1）CCDsent("CAM2","123")。

2）CCDsent("CAM1","[0]")。

3）CCDsent("CAM0","0, 0, 0, 0;")。

5. CCDGet

（1）使用说明　接收视觉返回的字符串类型数据。

（2）语法说明　RecBuf=CCDGet("CamName")。

（3）参数说明　CamName 视觉名称（字符串类型），在视觉 UI 配置时生成。
返回值：RecBuf 接收视觉返回的数据。

（4）举例说明

local RecBuf=CCDGet("CAM1")

```
if RecBuf. buff == "OK" then
MovP(p1)
elseif RecBuf. buff == "NG" then
MovP(p2)
end
```

注意:
● 若外部设备（例如，视觉）发送给机器人的是字符串类型的数据，则字符串存储在数组 RecBuf 中的 RecBuf. buff 变量中，字符串的长度储存在 RecBuf. len 变量中。

3.3　在线编程与调试

1. 四轴机器人项目结构

四轴机器人控制器编程主要围绕工程树展开，如图 3-15 所示。

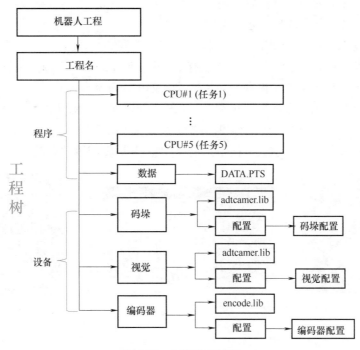

图 3-15　工程树示意图

编程界面如图 3-16 所示。

2. 创建最小工程

● 机器人项目是以工程形式来管理的，工程包含了设备的配置（视觉通信、外部编码器）和程序的编写（各个 CPU 任务属性）。

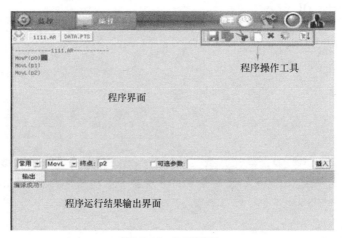

图 3-16 编程界面

· 通过工程的复制，可以方便地把一个设备上的应用工程复制到另外一台相同的设备上。

创建一个简单的机器人运行程序大致包括新建工程、创建程序、编写程序、示教点位和调试运行等步骤。在这里，我们通过建立一个很小的工程来演示工程的操作和应用，这个工程包含一个 CPU 任务和一个点位数据表。

（1）新建工程 步骤如下（见图 3-17）：

· 单击小橙人 ![图标] 图标，弹出一个"机器人工程"菜单。

· 在"机器人工程"菜单列表中长按现有工程名（假定为 123），弹出一个"菜单"列表。

· 在"菜单"列表中选"新建"，弹出"子菜单"列表。

· 在"子菜单"列表中选中"工程"，弹出"新建项目"对话框。

· "新建项目"对话框中键入新建名称（假定为 SCARA），然后单击"确定"按钮，则工程名为 SCARA 的框架已生成。接下来需要配置 CPU#1 和示教点位。

 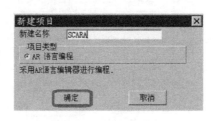 

图 3-17 新建项目

> 注意：
> · 新建工程的名字只能是数字或字母或者是两者的组合。
> · 工程名字的长度不能超过 8 个字符；若超过 8 个字符，则会弹出"文件名错误：文件名不能超过 8 个字符！"信息对话框。

（2）创建程序　CPU#1 的任务是执行一些动作指令、延时指令、IO 指令以及用户和工具坐标系设定等。CPU#1 的设置包括新建程序、导入程序、导出程序、删除 CPU 及任务属性。长按"CPU#1"，弹出"菜单"列表，如图 3-18 所示。

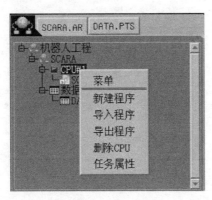

图 3-18　菜单

1）新建程序。新建程序适用于一些简单测试程序，例如点到点、直线、圆弧和拱形等一些简单的运动指令。具体操作步骤如下：

● 选中"菜单"列表中的"新建程序"，弹出"新建项目"对话框，键入新建名称（假定为 123），然后单击"确定"。例如在 123. AR 程序中实现走一个正方形的功能，则需示教一些点位以及 AR 程序编写。

2）导出程序。通过导出程序操作可以将示教器中的 AR 程序导入到 U 盘进行备份（此处假定将上面新建的 123. AR 导入到 U 盘）。具体操作步骤如下：

● U 盘插入示教器底部的 USB 接口或控制器侧面 MEM 端口。

● 长按"CPU#1"，在弹出的"菜单"界面中选中"导出程序"，弹出"保存"界面。

● 在"查找位于"下拉菜单中选中"u:"，之后在 u：目录下选中"123. AR"并保存，则程序导出成功。

3）导入程序。如果一个工程较为复杂（代码可能数百行），若要继续在示教器界面上插入 AR 语句，这种操作已经很不现实。这时需要在 ARStudio 编辑器中编写 AR 程序（假定程序名：test. AR），然后导入到控制器中。具体实现步骤如下：

● 将编写好的 test. AR 程序导入 U 盘。

● U 盘插入示教器底部的 USB 接口或控制器侧面 MEM 端口。

● 长按"CPU#1"，在弹出的"菜单"界面中选中"导入程序"，弹出"打开"界面。

● 在"查找位于"下拉菜单中选中"u:"，之后在 u：目录下选中"test. AR"并打开，则程序导入成功。

（3）程序编写　打开"123. AR"，然后插入正方形的运动语句，如图 3-19 所示。

程序界面常用按钮说明如图 3-20 所示。

（4）点位示教　打开"DATA. PTS"点位文件，依次选中 P0001、P0002、P0003、P0004（此行变成黑色，即表示选中），移动机器人依次到 4 个目标点并单击"示教"，则 4 个点记录在了"DATA. PTS"列表中，单击保存"□"按钮，如图 3-21 所示。

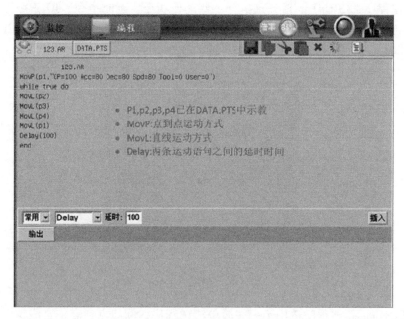

图 3-19　AR 程序编写

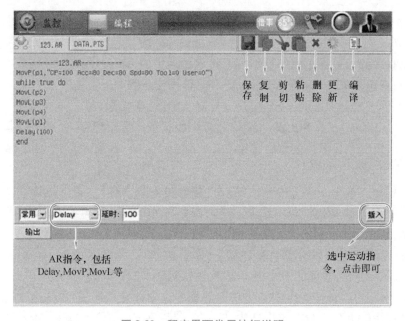

图 3-20　程序界面常用按钮说明

注意:

● P0000 点是固定的机器人零位点，不可修改，可通过该点位快速移动到零点。

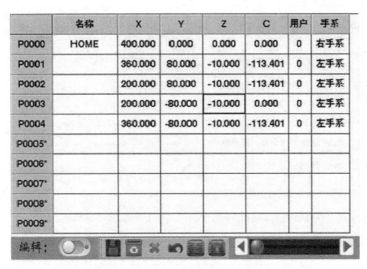

	名称	X	Y	Z	C	用户	手系
P0000	HOME	400.000	0.000	0.000	0.000	0	右手系
P0001		360.000	80.000	-10.000	-113.401	0	左手系
P0002		200.000	80.000	-10.000	-113.401	0	左手系
P0003		200.000	-80.000	-10.000	0.000	0	左手系
P0004		360.000	-80.000	-10.000	-113.401	0	左手系
P0005*							
P0006*							
P0007*							
P0008*							
P0009*							

图 3-21 点位示教

对于已示教的点可以进行点处理。例如长按"P0001",则弹出"点处理"对话框,包括删除该点、行复制、行粘贴和 MovP 到该点,如图 3-22 所示。

	名称	X	Y	Z	C	用户	手系
P0000	HOME	400.000	0.000	0.000	0.000	0	右手系
P0001		300.000	100.000	-10.000	30.000	1	右手系
P0002	点处理	.000	-100.000	-20.000	60.000	1	左手系
P0003*	删除该点						
P0004*	行复制						
P0005*	行粘贴						
P0006*	MovP到该点						
P0007*							
P0008*							
P0009*							

删除该点: 删除当前行的点位信息;
行复制: 复制当前行的点位信息;
行粘贴: 复制其他行来替换当前行的点位;
MovP到该点: 以点到点的运动方式跟踪到该点位。

图 3-22 点处理

点位表 DATA.PTS 中工具条的操作说明如图 3-23 所示。

(5)调试运行 程序编译无误后,方可试运行。运行一个程序,为安全起见,首先应该离线仿真,即程序运行,机器人不运动,可以通过轨迹跟踪界面监控程序逻辑性以及点位是否能够到达;同时机器人运动速度不要设置过大,速度倍率设定 50% 适宜。

对于一些运动指令,例如 MovP/MovL/MArchP/MArc 等,还可以关联一些可选参数。以 MovP 指令为例,包括 CP/Acc/Dec/Spd,如图 3-24 所示。

CP 可选参数,指定运动到目标点是否平滑过渡,范围为 0~100。

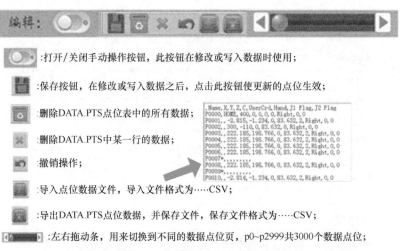

:打开/关闭手动操作按钮，此按钮在修改或写入数据时使用；

:保存按钮，在修改或写入数据之后，点击此按钮使更新的点位生效；

:删除DATA.PTS点位表中的所有数据；

:删除DATA.PTS中某一行的数据；

撤销操作；

:导入点位数据文件，导入文件格式为……CSV；

:导出DATA.PTS点位数据，并保存文件，保存文件格式为……CSV；

:左右拖动条，用来切换到不同的数据点位页，p0~p2999共3000个数据点位；

图 3-23　点位表 DATA. PTS 中工具条的操作说明

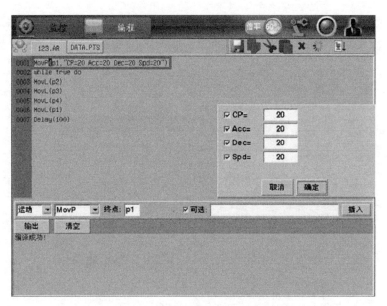

图 3-24　程序界面常用按钮说明

Acc 可选参数，指定运动到目标位置的加速度比例，范围为 1~100。

Dec 可选参数，指定运动到目标位置的减速度比例，范围为 1~100。

Spd 可选参数，指定运动到目标位置的速度比例，范围为 1~100。

第4章

埃夫特六轴工业机器人基本操作应用

4.1 示教器操作

4.1.1 认识示教器

1. 示教器

示教器是操作者与机器人交互的设备，操作者使用示教器可以完成控制机器人的所有功能。比如手动操作机器人运动、机器人程序编辑、点位示教、监视 IO 交互信号等。

EFORT 六轴工业机器人示教器如图 4-1 所示，其主要参数见表 4-1。

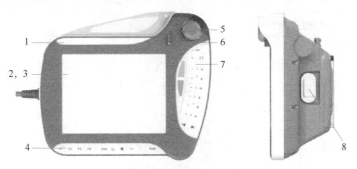

图 4-1　示教器的组成

注：1~8 的名称见表 4-2。

表 4-1　EFORT 六轴工业机器人示教器的主要参数

项目	技术参数
显示器	TFT 8-inch LCD
显示器分辨率	1024×768
是否触摸	是
功能按键	急停按钮、模式选择钥匙开关（手动慢速、手动全速、自动），28 个薄膜按键
模式旋钮	三段式模式旋钮
外接 USB	一个 USB 2.0 接口
电源	DV 24V

（续）

项目	技术参数
防尘放水等级	IP65
工作环境温度	−20~70℃

（1）示教器的功能与接口 示教器各部分的功能见表 4-2。

表 4-2 示教器各部分的功能

序号	名称	功能描述
1	薄膜面板 3	公司 LOGO 彩绘
2	触摸屏	用于操作机器人
3	液晶屏	用于人机交互
4	薄膜面板 2	含有 10 颗按键
5	急停开关	双回路急停开关
6	模式旋钮	三段式模式旋钮
7	薄膜面板 1	含有 18 颗按键和 1 颗红黄绿三色 LED
8	三段手压开关	手动模式下手压上伺服

示教器右侧功能按键如图 4-2。

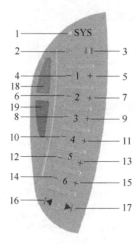

图 4-2 示教器右侧功能按键标号

1—三色灯 2—开始 3—暂停 4—轴 1 运动+ 5—轴 1 运动- 6—轴 2 运动+ 7—轴 2 运动- 8—轴 3 运动+
9—轴 3 运动- 10—轴 4 运动+ 11—轴 4 运动- 12—轴 5 运动+ 13—轴 5 运动- 14—轴 6 运动+
15—轴 6 运动- 16—单步后退 17—单步前进 18—热键 1 19—热键 2

示教器下侧功能按键如图 4-3 所示。

（2）示教器的握持 左手握持示教器，点动机器人时，左手指需要按下手压开关，使机器人处于伺服开的状态。具体握持方法如图 4-4 所示。

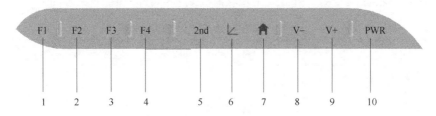

图 4-3　示教器下侧功能按键标号

1~4—多功能键　5—翻页　6—坐标系切换　7—回主页　8—速度-　9—速度+　10—伺服上电

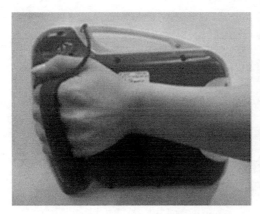

图 4-4　示教器的握持方法

2. 示教器界面

（1）界面布局　EFORT 工业机器人 C30 操作系统界面分为状态栏、任务栏和显示区 3 部分，如图 4-5 所示。

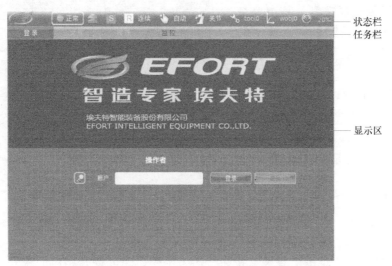

图 4-5　EFORT 工业机器人 C30 操作系统界面

1）状态栏。状态栏显示了机器人工作状态，其各部分的功能见表4-3。

表 4-3　示教器状态栏各部分的功能

左起序号	功能
1	桌面按键 ，单击后进入桌面界面
2	机型显示 ER3
3	状态显示按键，单击进入报警日志界面： 正常 或 错误
4	急停信号状态： —正常； —急停被按下
5	伺服状态： S —伺服关； S —伺服开
6	程序运行模式： R —Rpl 模式； P —冲压模式
7	程序循环方式： 连续—连续运行； 单步跳过—单步跳过； 单步进入—单步进入
8	机器人运行方式： 手动低速 、 手动全速 、 自动
9	机器人 JOG 方式： 关节 、 机器人 、 工具 、 用户
10	当前工具坐标系 tool0
11	当前工件坐标系 wobj0
12	机器人运行速度 20%

2）任务栏。任务栏中显示的是已打开的 App 界面快捷按键，其中登录、文件、程序和监控是默认一直显示的，其余显示的是在桌面中打开的 App 界面。

3）桌面。EFORT 工业机器人 C30 操作系统的设置和功能 App 都放置在桌面上，单击"回主页"按键进入桌面，单击 App 图标进入相应的 App 界面，如图 4-6 所示。

（2）登录　EFORT 工业机器人 C30 操作系统提供操作员、工程师和管理员 3 个权限等级的账号，默认登录账号为

图 4-6　示教器 App 界面

操作员。切换账号时，单击"登录"按钮，输入密码，即可登录相应的账号。操作步骤见表 4-4。

表 4-4 登录操作

操作步骤	图示	说明
1. 进入登录页面，单击显示区的"输入框"	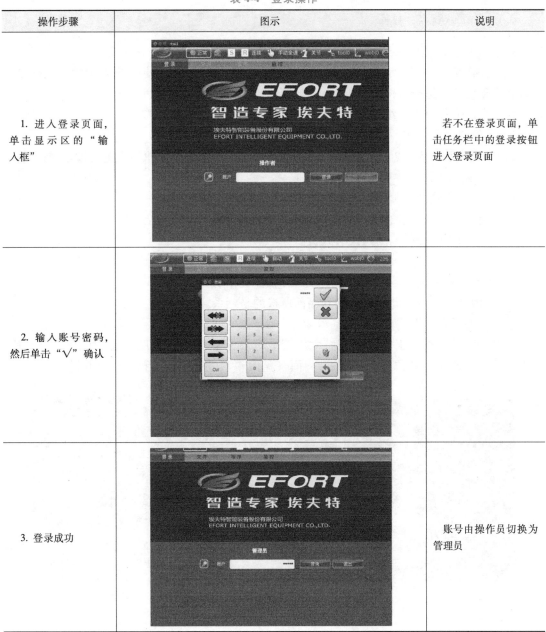	若不在登录页面，单击任务栏中的登录按钮进入登录页面
2. 输入账号密码，然后单击"√"确认		
3. 登录成功		账号由操作员切换为管理员

登录权限划分见表 4-5。

表 4-5 登录权限

账号	操作员	工程师	管理员
登录	√	√	√
监控	√	√	√
程序	×	√	√
文件	×	×	√

4.1.2 示教器点动操作

1. 点动操作的概念和分类

点动操作是通过按压示教器面板右侧的点动按键"-""+"使机器人运动，此操作只允许在手动模式下进行。伺服使能后，需先设置机器人的坐标系类型和运动速率，再进行点动操作。点动操作分为连续点动和增量点动两种方式。

1）连续点动是长按"-""+"按键使机器人运动。

2）增量点动需要设置步进长度，之后点动按键"-""+"使机器人进行增量式运动。

2. 点动操作的注意事项

1）操作者必须站立于机器人运行的最大范围之外。

2）操作者保持从正面观察机器人，确保发生紧急情况时有安全退路。

3）确保机器人辐射范围内没有人员。

4）查看机器人有无报警，如有报警应清除后运行。

5）查看机器人机械零位是否与示教器各轴位置相吻合。

6）伺服前要确认点动全局速度和当前所选的坐标系。

3. 点动操作的具体方法

（1）点动操作准备工作　埃夫特六轴工业机器人 C30 操作系统以管理员身份登录后，单击菜单栏"监控"→"位置"，在跳转界面（见图 4-7）中即可进行以下点动操作。

图 4-7　示教器登录及位置监视页面

单击示教器面板上的"坐标切换"按键可进行坐标系类型切换。切换顺序依次为关节坐标系→笛卡儿坐标系→工具坐标系→用户坐标系，切换结果显示在示教器状态栏处，如图 4-8 所示。

（2）关节坐标系下的点动操作　按示教器面板下方的坐标系按键┗，将坐标系类型设置为关节坐标系，直到示教器状态栏中显示 **1关节** 状态即可进行点动操作，如图 4-9 所示。

按住三档手压开关的同时，按示教器面板右侧的相应"-""+"按键，即可控制工业机器人各个关节轴的运动，相应关节轴的运动角度随之发生变化。

（3）笛卡儿坐标系下的点动操作　按示教器面板下方的坐标系按键┗，将坐标系类型设

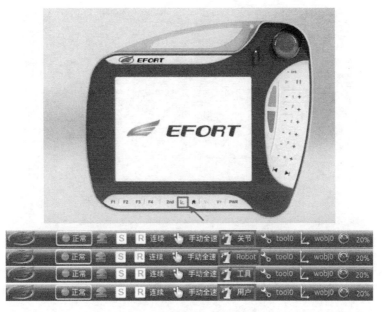

图 4-8　坐标系切换及结果显示

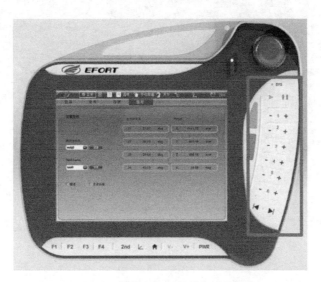

图 4-9　关节坐标系下的点动操作

置为笛卡儿坐标系，直到示教器状态栏中显示 Robot 状态即可进行点动操作，如图 4-10 所示。

　　按住三档手压开关的同时，按示教器面板右侧的相应"－""＋"按键，即可点动控制机器人直线运动，笛卡儿坐标系中相应 X、Y、Z、A、B、C 的坐标值随之变化。

　　（4）工具坐标系下的点动操作　按示教器面板下方的坐标系按键 ，将坐标系类型设置为工具坐标系，直到示教器状态栏中显示 工具 状态即可进行点动操作，如图 4-11 所示。

　　按住三档手压开关的同时，按示教器面板右侧的相应"－""＋"按键，即可调节工具坐标系中相应 X、Y、Z、A、B、C 的坐标值。

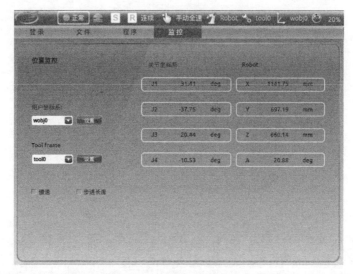

图 4-10　笛卡儿坐标系下的点动操作

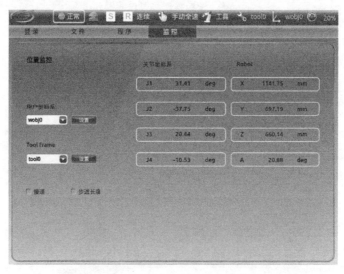

图 4-11　工具坐标系下的点动操作

（5）工具坐标系下的点动操作　按示教器面板下方的坐标系按键 ∠，将坐标系类型设置为笛卡儿坐标系，直到示教器状态栏中显示 状态即可进行点动操作，如图 4-12 所示。

按住三档手压开关的同时，按示教器面板右侧的相应"−""+"按键，即可控制机器人在用户坐标系下的直线运动，用户坐标系中相应 X、Y、Z、A、B、C 的坐标值将随之变化。

（6）点动快速运动

1）将速度控制旋钮转动至中间位置，此时状态栏中的图标变更为。

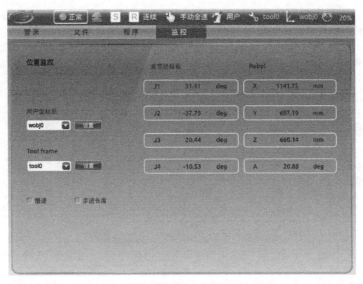

图 4-12　工具坐标系下的点动操作

2）将速度控制旋钮转动至右上位置 ，此时状态栏中的图标变更为 。

在手动全速模式下，通过调速按键 V+或 V−调整全局速度，其速度范围可设置为 1%～100%，如图 4-13 所示；相应地，在手动低速模式下，其速度范围可设置为 1%～20%。

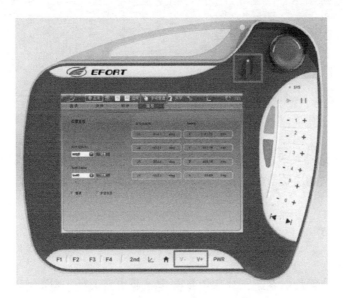

图 4-13　手动全速模式下速度的调整

现在选择手动全速模式且全局速度调节为 100%，取消勾选"慢速"复选框，如图 4-14 所示，在这种设置下执行点动操作，数值会大幅度增加。

（7）点动慢速运动　选择手动全速模式且全局速度调节为 100%，勾选"慢速"复选框，如图 4-15 所示，在这种设置下执行点动操作，数值会小幅度增加。

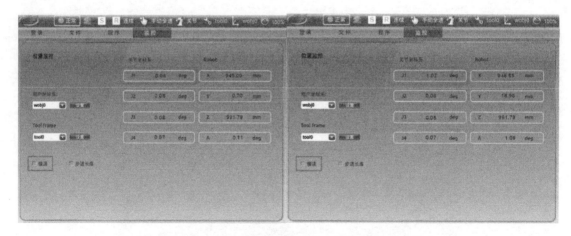

图 4-14　手动全速模式下的快速控制

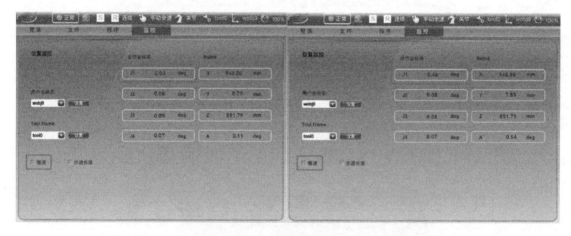

图 4-15　点动慢速运动

（8）点动步进运动　单击步进长度设置步间距，图 4-15 中设置步长为 15 且坐标系为关节坐标系，每按一次相应关节的"－""＋"按键，机器人相应关节即以 15°为单位运动，如图 4-16 所示。

4.1.3　坐标系管理

1. 坐标系介绍

坐标系是一种位置指标系统，其作用是确定工业机器人处于空间中的位置及其姿态。埃夫特六轴工业机器人 C30 操作系统根据不同的参考对象，使用关节坐标系、笛卡儿坐标系、工具坐标系和用户坐标系 4 种坐标系。

（1）关节坐标系　关节坐标系是设定在工业机器人关节中的坐标系。在关节坐标系中，工业机器人的位置和姿态以各个关节底座侧的原点角度为基准，关节坐标系中的数值即为关节正负方向转动的角度值。

例如某关节坐标系下的点 POINTJ（30，60，90，-30，45，90）表示 1~6 轴分别旋转了

图 4-16　点动步进运动

30°、60°、90°、-30°、45°和 90°。

（2）笛卡儿坐标系　笛卡儿坐标系可以表达出工业机器人的位置和姿态。其中，位置是通过从空间上的直角坐标系原点到法拉盘中心点的直角坐标系原点的坐标值 x、y、z 表达；姿态是通过工具侧的直角坐标系相对空间上的直角坐标系的相对 X 轴、Y 轴、Z 轴的回转角 w、p、r 表达。

例如某笛卡儿标系下的点 POINTC（30，60，90，-30，45，90）表示法拉盘中心点的坐标系相对机器人原点直角坐标系 X 轴、Y 轴、Z 轴分别偏移了 30mm、60mm、90mm，相对机器人原点直角坐标系 X 轴、Y 轴、Z 轴分别旋转了 -30°、45°、90°。

（3）工具坐标系　工具坐标系即安装在机器人末端的工具坐标系，原点及方向都是随着末端位置与角度不断变化的，该坐标系实际是由直角坐标系通过旋转和位移变换得出的，实际应用时需要通过标定再由机器人系统计算得出。

（4）用户坐标系　用户坐标系即用户自定义坐标系，是用户对每个作业空间进行定义的直角坐标系，该坐标系实际是由机器人原点的直角坐标系通过轴向偏转角度变换得出的。实际应用时需要通过标定再由机器人系统计算得出。

2. 工具坐标标定

（1）工具坐标系标定的步骤

1）TCP 默认方向。工具坐标系常用的标定方法有 TCP（默认）、TCP&Z 和 TCP&Z，X 三种方法。

① TCP（默认）：方向与法兰末端一致。

② TCP&Z：工具的 Z 方向需要标定确定。

③ TCP&Z，X：工具的 Z 和 X 方向需要标定确定。

以上均由 4 点法标定出 TCP 到法兰中心的位置，TCP（默认方向）的 4 点法标定步骤见表 4-6。

表 4-6　TCP（默认方向）的 4 点法标定步骤

步骤	图示	描述
1. 在桌面单击"工具坐标系"图标，进入工具标定设置界面		1）所有已定义的工具坐标系名称列表 2）手动标定的方法，包括 TCP（默认）、TCP&Z 以及 TCP&Z，X 三种方法 3）标定 TCP 点位置的点数设置，至少 4 点，最多 6 点
2. 在工具设置界面单击"标定"按钮，进入标定界面，显示需要标定的第 1 点		1）移动机器人将工具末端对准参考尖点 2）单击"示教"按钮，将当前机器人位置记录 3）示教完当前位置，单击右箭头图标标定下一个点 4）若未标定完成，需要结束标定过程，单击"返回"按钮，返回设置界面
3. 标定第 2 点界面。后续标定 TCP 点位置所需要点的过程与其一致，但是每一个记录点的机器人姿态变化尽量大一些		1）改变机器人姿态，移动机器人，以不同方向将工具末端对准参考尖点 2）单击"示教"按钮，将当前机器人位置记录 3）示教完当前位置，单击右箭头图标标定下一个点，单击左箭头图标可查看上一点

（续）

步骤	图示	描述
4. 当4点标定完成后，会出现"计算"按钮	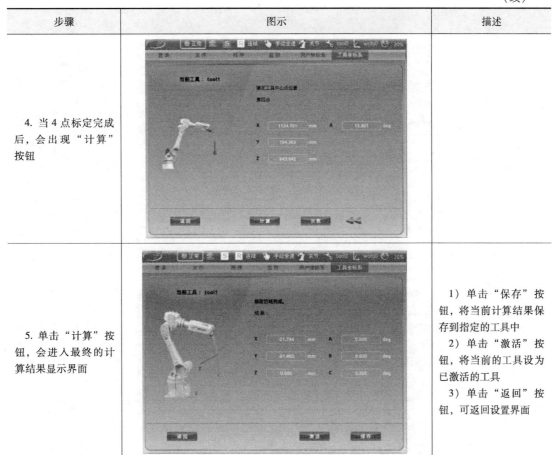	
5. 单击"计算"按钮，会进入最终的计算结果显示界面		1）单击"保存"按钮，将当前计算结果保存到指定的工具中 2）单击"激活"按钮，将当前的工具设为已激活的工具 3）单击"返回"按钮，可返回设置界面

2）非TCP（默认方向）。若选择的不是TCP（默认方向），则需要手动标定工具的Z的或者X方向，TCP&Z，X的4点法标定步骤见表4-7。

表4-7 TCP&Z，X的4点法标定步骤

步骤	图示	描述
1. 前4点的标定过程与TCP（默认方向）方法过程一样		当标定完成前4点后，"计算"按钮不会出现。单击右箭头，进入工具方向的标定

（续）

步骤	图示	描述
2. 标定工具坐标系的 Z 方向	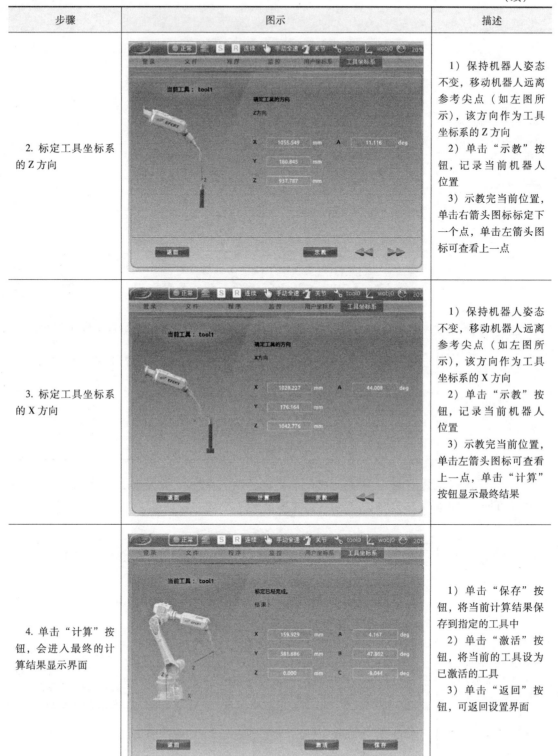	1）保持机器人姿态不变，移动机器人远离参考尖点（如左图所示），该方向作为工具坐标系的 Z 方向 2）单击"示教"按钮，记录当前机器人位置 3）示教完当前位置，单击右箭头图标标定下一个点，单击左箭头图标可查看上一点
3. 标定工具坐标系的 X 方向		1）保持机器人姿态不变，移动机器人远离参考尖点（如左图所示），该方向作为工具坐标系的 X 方向 2）单击"示教"按钮，记录当前机器人位置 3）示教完当前位置，单击左箭头图标可查看上一点，单击"计算"按钮显示最终结果
4. 单击"计算"按钮，会进入最终的计算结果显示界面		1）单击"保存"按钮，将当前计算结果保存到指定的工具中 2）单击"激活"按钮，将当前的工具设为已激活的工具 3）单击"返回"按钮，可返回设置界面

（2）工具坐标系的修改 工具坐标系标定完成后，根据需要可以修改选择不同的工具坐标系，操作步骤见表4-8。

表4-8 工具坐标系修改操作步骤

步骤	图示	描述
1. 工具标定的设置界面，单击"修改"按钮，进入工具的编辑界面	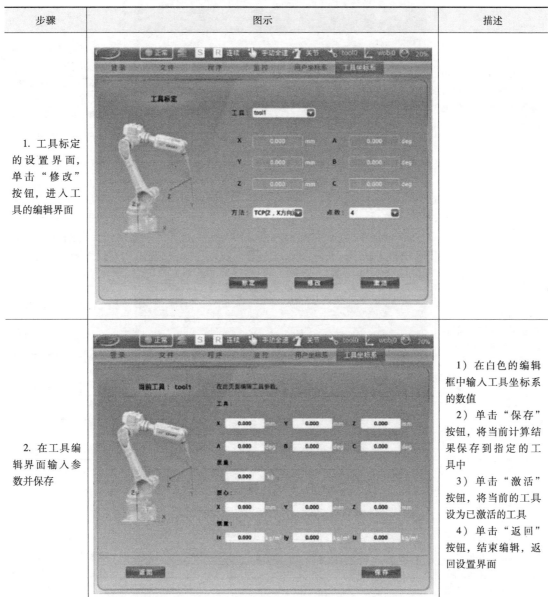	1）在白色的编辑框中输入工具坐标系的数值 2）单击"保存"按钮，将当前计算结果保存到指定的工具中 3）单击"激活"按钮，将当前的工具设为已激活的工具 4）单击"返回"按钮，结束编辑，返回设置界面
2. 在工具编辑界面输入参数并保存		

注：在机器人运行过程中，保存和激活的操作是不允许的，且会提示"机器人正在运行，不允许该操作。"

3. 用户坐标标定

（1）用户坐标系的标定 用户坐标系标定分为有原点和无原点两种情况，都采用三点法进行标定，但在点的选取上略有不同。有原点即标定原点已知，无原点即标定原点未知，通过标定计算可以得到。下面以"有原点"的方法标定为例，操作步骤见表4-9。

表 4-9　有原点的用户坐标系标定步骤

步骤	图示	描述
1. 在桌面单击"用户坐标系"的图标，进入用户坐标系标定的设置界面		1）所有已定义的用户坐标系名称列表 2）手动标定的方法，包括已知原点和未知原点两种方法。单击"标定"按钮，开始进行标定
2. 在单击"标定"按钮后，进入标定界面，右图所示开始标定第 1 点		1）移动机器人至所需用户坐标系的原点位置 2）单击"示教"按钮，记录当前机器人位置 3）示教完当前位置，单击右箭头图标标定下一个点 4）若未标定完成，需要结束标定过程，单击"返回"按钮
3. 标定第 2 点以及第 3 点时，其操作与标定第 1 点过程相同。注意标定的 3 点不能在一条直线上，且两点间距至少大于 10mm		示教完当前位置，单击右箭头图标标定下一个点，单击左箭头图标可查看上一点

（续）

步骤	图示	描述
4. 标定完第3点后，"计算"按钮会出现	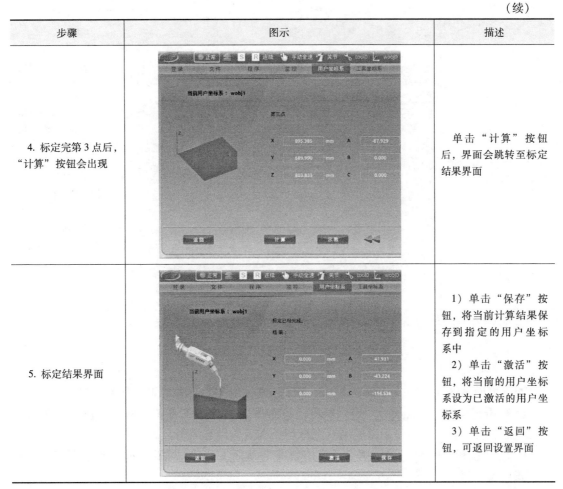	单击"计算"按钮后，界面会跳转至标定结果界面
5. 标定结果界面		1）单击"保存"按钮，将当前计算结果保存到指定的用户坐标系中 2）单击"激活"按钮，将当前的用户坐标系设为已激活的用户坐标系 3）单击"返回"按钮，可返回设置界面

（2）用户坐标系修改　当用户坐标系标定完成后，在使用的过程中可随时修改选用不同的用户坐标系。用户坐标系的修改步骤见表4-10。

表4-10　用户坐标系的修改步骤

步骤	图示	描述
1. 在桌面单击"用户坐标系"的图标，进入用户坐标系标定的设置界面		1）选择需要输入的用户坐标系名称 2）单击"修改"按钮进入修改界面

（续）

步骤	图示	描述
2. 在用户坐标系编辑界面输入参数并保存	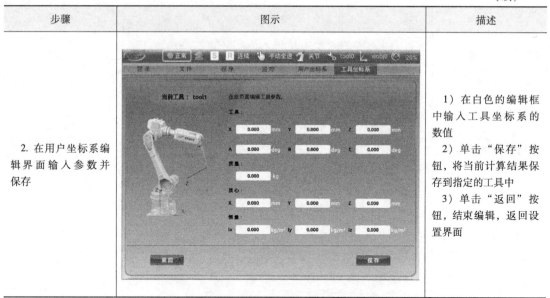	1）在白色的编辑框中输入工具坐标系的数值 2）单击"保存"按钮，将当前计算结果保存到指定的工具中 3）单击"返回"按钮，结束编辑，返回设置界面

注：在机器人运行过程中，保存和激活的操作是不允许的，且会提示"机器人正在进行，不允许该操作。"

4.1.4 机器人系统配置

通过桌面 APP 可以设置机器人语言、IP、型号、服务、轴参数和 DH 参数等。

（1）语言设置　语言设置用于切换界面显示语言。EFORT 系统目前提供汉语、英语和意大利语 3 种语言，单击显示区的国旗图标切换到对应国家的语言。

（2）IP 设置　IP 设置界面用于设置控制器 IP 地址、示教器的 IP 地址和子网掩码，操作步骤见表 4-11。

表 4-11　IP 设置操作步骤

步骤	图示	说明
1. 进入设置界面，单击"IP"选项	控制器IP 10.0.22.1 示教器IP 10.0.22.2 子网掩码 255.0.0.0	

（续）

步骤	图示	说明
2. 输入新 IP 地址，单击"√"按钮	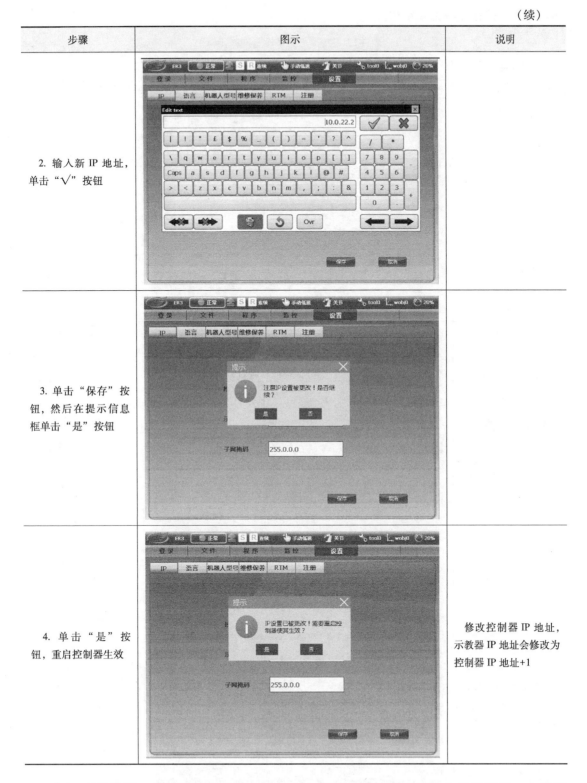	
3. 单击"保存"按钮，然后在提示信息框单击"是"按钮		
4. 单击"是"按钮，重启控制器生效		修改控制器 IP 地址，示教器 IP 地址会修改为控制器 IP 地址+1

（3）型号设置 型号设置可以完成机器人本体型号的选择和系统文件的下载。在机器人型号池中列出了所有可下载的机器人型号，选择本体对应的机器人型号，按照提示下载机

器人型号，操作步骤见表 4-12。

表 4-12 机器人型号设置操作步骤

步骤	图示	说明
1. 显示	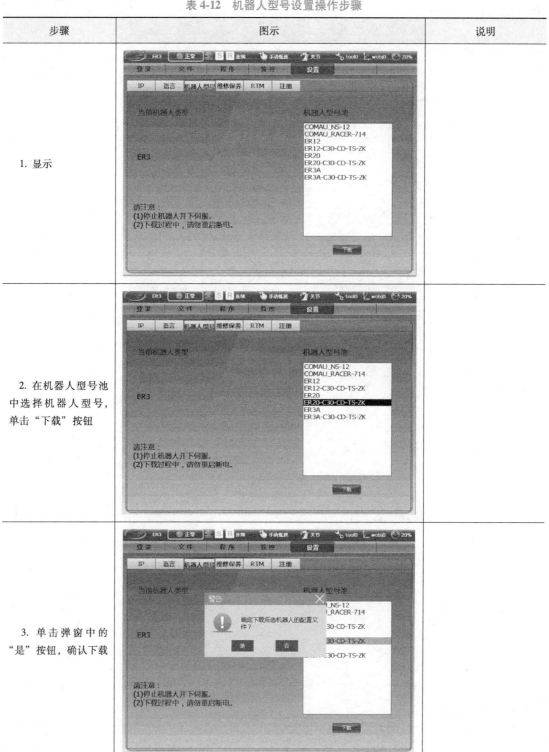	
2. 在机器人型号池中选择机器人型号，单击"下载"按钮		
3. 单击弹窗中的"是"按钮，确认下载		

（续）

步骤	图示	说明
4. 下载进行中		
5. 下载完成确认。单击弹窗中的"是"按钮，重启控制器	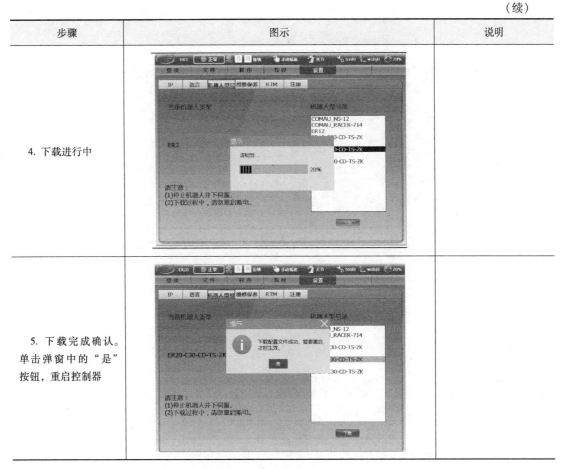	

（4）服务设置　服务包括维修保养和激活冲压序列号。

1）维修保养用于记录最近维修保养时间和设置下一次维修保养时间。当到达设置的维修保养日期时，会弹窗提示维修保养。机器人下次维保时间设置见表4-13。

表4-13　机器人下次维保时间设置

步骤	图示	说明
1. 在设置界面单击"服务"选项		

（续）

步骤	图示	说明
2. 设置下一次维修保养时间。单击下拉列表设置时间，设置完成后单击下拉列表右侧的"记录"按钮，记录下一次维修保养时间	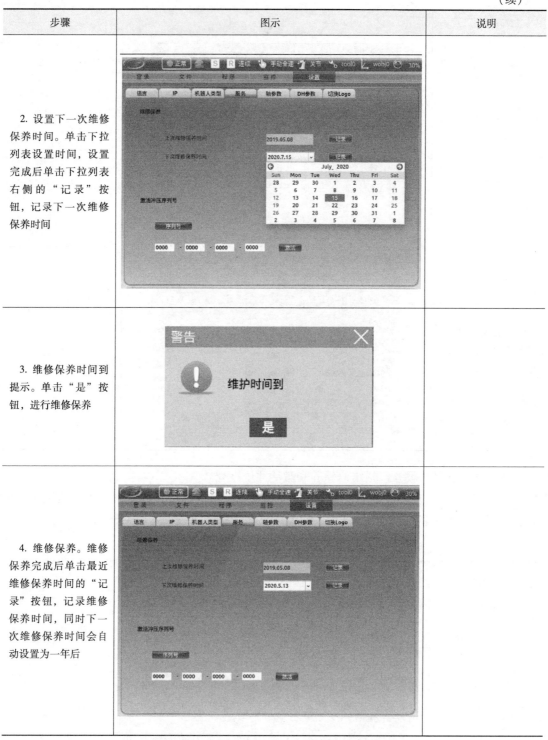	
3. 维修保养时间到提示。单击"是"按钮，进行维修保养		
4. 维修保养。维修保养完成后单击最近维修保养时间的"记录"按钮，记录维修保养时间，同时下一次维修保养时间会自动设置为一年后		

2）激活冲压序列号用于桌面冲压功能，当弹出冲压功能许可证失效错误时，需要生成新的冲压许可证，操作流程见表4-14。

表 4-14　激活冲压序列号用于桌面冲压功能

操作步骤	插图	说明
1. 当进入冲压 APP 后，弹出"错误"弹框	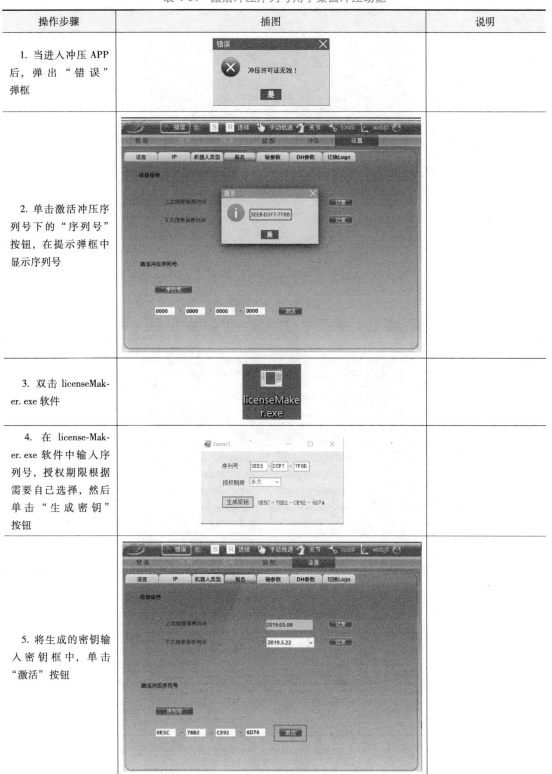	
2. 单击激活冲压序列号下的"序列号"按钮，在提示弹框中显示序列号		
3. 双击 licenseMaker. exe 软件		
4. 在 license-Maker. exe 软件中输入序列号，授权期限根据需要自己选择，然后单击"生成密钥"按钮		
5. 将生成的密钥输入密钥框中，单击"激活"按钮		

（续）

操作步骤	插图	说明
6. 弹出提示框，单击"是"按钮，此时冲压功能获得有效许可证		

（5）轴参数设置　可以通过轴参数查看和修改轴参数，操作流程见表4-15。

表4-15　机器人轴参数设置

步骤	图示	说明
1. 进入设置界面，单击"轴参数"选项	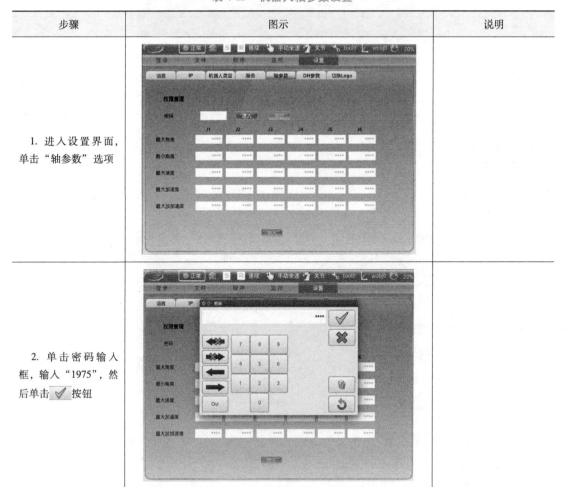	
2. 单击密码输入框，输入"1975"，然后单击 √ 按钮		

（续）

步骤	图示	说明
3. 单击"进入"按钮	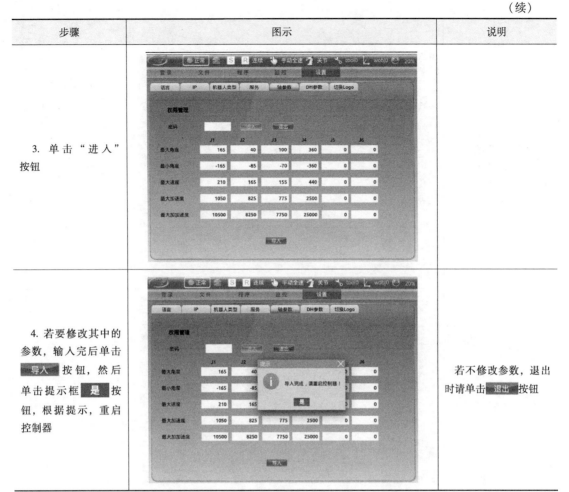	
4. 若要修改其中的参数，输入完后单击 导入 按钮，然后单击提示框 是 按钮，根据提示，重启控制器		若不修改参数，退出时请单击 退出 按钮

（6）DH 参数设置 可以通过 DH 参数查看 DH 杆长参数和修改参数，其操作流程见表 4-16。

表 4-16 机器人 DH 参数设置

步骤	图示	说明
1. 进入设置界面，单击"DH 参数"选项	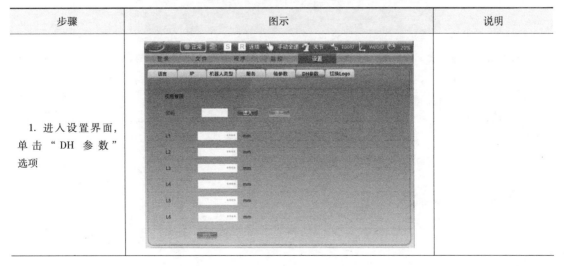	

（续）

步骤	图示	说明
2. 单击密码输入框，输入"1975"，然后单击 ✓ 按钮	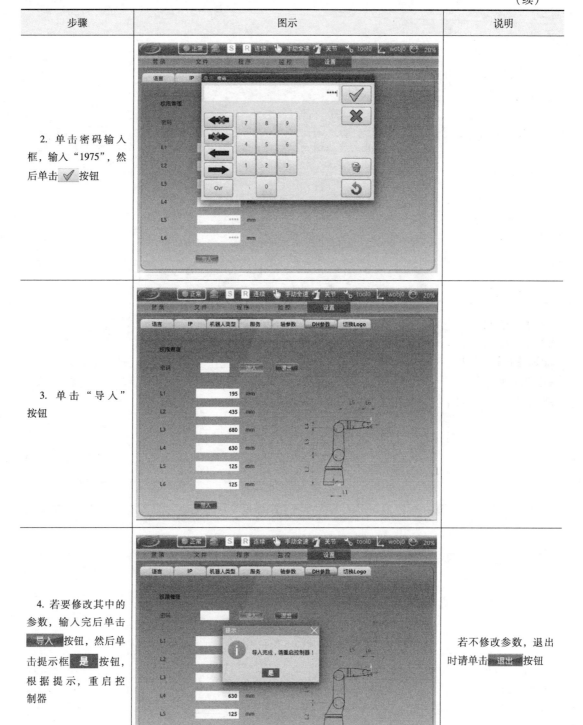	
3. 单击"导入"按钮		
4. 若要修改其中的参数，输入完后单击 导入 按钮，然后单击提示框 是 按钮，根据提示，重启控制器		若不修改参数，退出时请单击 退出 按钮

4.2 零点恢复和零点文件重写

（1）零点恢复 零点恢复功能是指当机器人由于编码器电池停止供电或拆卸电动机等非正常操作引起机器人零点丢失后，快速找回正常零点值的功能。零点恢复操作步骤见表4-17。

表 4-17 零点恢复操作步骤

步骤	图示	说明
1. 机器人系统上电后，在关节坐标系下，使用点动操作使机器人各个关节运动到零点刻度	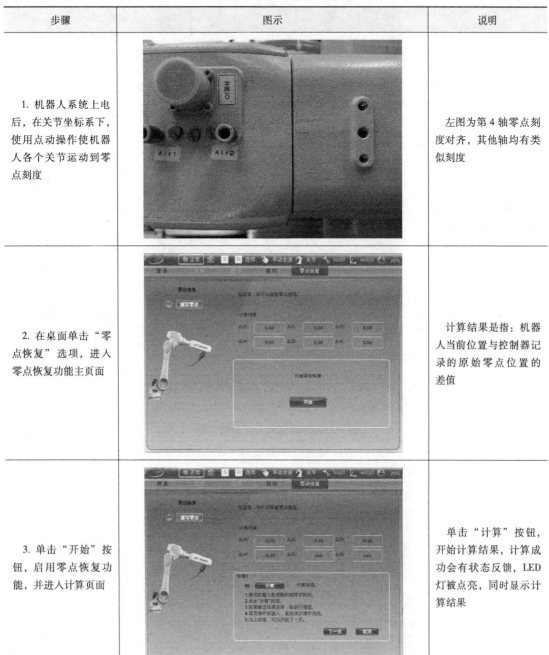	左图为第4轴零点刻度对齐，其他轴均有类似刻度
2. 在桌面单击"零点恢复"选项，进入零点恢复功能主页面		计算结果是指：机器人当前位置与控制器记录的原始零点位置的差值
3. 单击"开始"按钮，启用零点恢复功能，并进入计算页面		单击"计算"按钮，开始计算结果，计算成功会有状态反馈，LED灯被点亮，同时显示计算结果

（续）

步骤	图示	说明
4. 单击"下一步"按钮，进入恢复页面	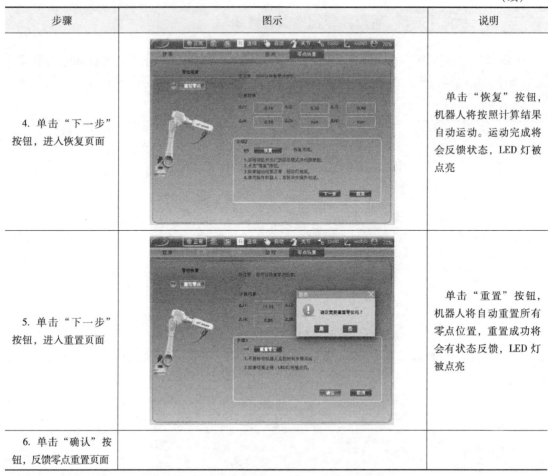	单击"恢复"按钮，机器人将按照计算结果自动运动。运动完成将会反馈状态，LED 灯被点亮
5. 单击"下一步"按钮，进入重置页面		单击"重置"按钮，机器人将自动重置所有零点位置，重置成功将会有状态反馈，LED 灯被点亮
6. 单击"确认"按钮，反馈零点重置页面		

（2）零点文件重写　零点文件重写将导致零点位置丢失，该功能主要为因零点丢失导致机器人无法运动而设置。具体操作步骤见表 4-18。

表 4-18　零点文件重写操作步骤

步骤	图示	说明
1. 打开管理员权限，打开重写零点功能。管理员密码：99999		若没有管理员权限，"重写零点"按钮将无法单击

（续）

步骤	图示	说明
2. 单击"重写零点"按钮，并确认	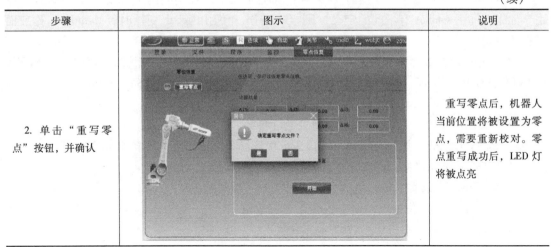	重写零点后，机器人当前位置将被设置为零点，需要重新校对。零点重写成功后，LED 灯将被点亮

4.3 常用编程指令

1. 变量

（1）变量的行为

1）VAR：变量的默认行为。可以在程序中设置变量，并在重新启动程序时丢失其值。

2）CONST：具有此行为的变量无法在程序中更改，必须使用 Init 值进行设置。

3）RETAIN：当程序从内存中卸载并重新启动与存储程序时，将保留变量的值。对于 Local 和 Task 变量，该值保存在程序中。仅当 Usage 字段为 Module 时，才能选择此行为。

（2）变量的可见性

1）Routine 局部：此类型的变量只能在其定义的程序和子程序中可见和使用，不能被其他程序和子程序可见和使用。可以在多个子程序中定义同一个变量名的变量，子程序中定义的变量只能被自己使用。

2）Routine 输入：输入变量用于定义子程序的输入参数。输入变量类似于局部变量，但其初始值来源于调用的程序。输入变量的定义顺序与调用指令传递参数的顺序一致。主程序中不能够使用此类变量。

3）Routine 输出：输出变量用于定义子程序的输出参数。输入变量类似于局部变量，但其初始值来源于调用的程序。输出变量的定义顺序应与调用指令设置参数的顺序一致。主程序中不能够使用此类变量。

4）局部：此类变量可以被所有程序和子程序使用。Module 局部变量可以在一个子程序中设置，然后通过另一个子程序读取。不能使用相同的名字定义多个 Module 局部变量。这些变量对于其他 Module 不可见。

5）Module 公共：同 Module 局部相似，但是这个变量可以从其他 Module 中看到。在其他模块中，可以在模块名称前面使用这种变量（例如 moduleName. variableName）。

6）Task 任务：类似于 Module 公共变量，在其他模块中，可以使用这种变量，而无须使用模块名称（例如 variableName）。

7）Global：这种变量对于所有 Task 系统都是通用的。在不同的 Task 之间共享数据很有用。如果对同一 Global 有不同的定义，则报告错误。使用 Global 变量时，Module 名称前面没有该变量。

（3）变量的数据类型　变量数据类型包括 TOOL、SPEED、POINTC、ZONE、VECT3、POINTJ、BOOL、DINT、UDINT、TRIGGER、LREAL、STRING、REFSYS 和 ROBOT。

1）TOOL：工具，运动指令中使用的工具参数。

2）SPEED：速度，运动指令中使用的速度参数。

3）POINTC：笛卡儿空间位姿，包含 3 个位置和 3 个旋转姿态的笛卡儿空间点。

4）ZONE：圆弧过渡，两个连续动作指令重叠的参数。

5）VECT3：三维实向量，由 3 个实数组成的三维向量。

6）POINTJ：关节位置，轴组中各个关节的数值。

7）BOOL：布尔，布尔类型数值（真或假）。

8）DINT：双精度整数，32 位整数，可以取负数（例如：-1234）。

9）UDINT：无符号双精度整数，32 位整数，只能取正数（例如：25）。

10）TRIGGER：触发，在运动指令中用于触发事件的数据类型。

11）LREAL：长实数，双精度浮点数（例如：3.67）。

12）STRING：字符串。

13）REFSYS：参考坐标系，笛卡儿空间运动参考坐标系。

14）ROBOT：机器人轴组名，用于程序中运动指令指定轴组。

2. 常用的指令

目前埃夫特机器人 RPL 程序语言包括 Common、Movement、Other 三种指令集，如图 4-17 所示。

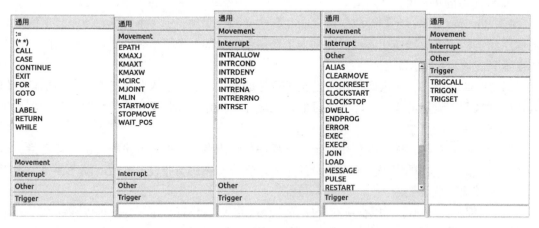

图 4-17　RPL 程序语言常用指令集

（1）常用运动指令

1）关节运动指令 MJOINT。从当前点位置移动到目标点位置，所有轴同时开始运动并同时到达目标点。TCP 运动是机器人各个轴的组合运动，运动路径由机器人系统计算确定而操作人员无法确定。

指令格式：MJOINT（目标点，速度，过渡参数，工具，参考坐标系）；

在此指令中速度（speed）参数指用于计算关节速度的百分比，如果参考坐标系未指定，默认在世界坐标系下运动。

例如：MJOINT（p1，v200，fine，tool0）；表示机器人各个关节同时开始运动同时到达目标点 p1，运动路径未知，运动速度 200mm/s 乘以速度百分比，过渡参数为 fine 自适应最佳参数，工具为 tool0，默认坐标系为世界坐标系。

2）直线运动指令 MLIN。从当前点位置到目标点位置的直线（点对点）移动，所有轴参与移动并同时到达目标位置。TCP 运动是机器人各个轴组合的直线运动，运动路径是点到点的直线段。

指令格式：MLIN（目标点，速度，过渡参数，工具，参考坐标系）；

如果指令中省略参考坐标系参数，则在世界坐标系下进行移动。

例如：MLIN（p1，v200，fine，tool0）；表示机器人各个关节同时开始运动同时到达目标点 p1，运动路径是当前点到目标点之间的线段，运动速度 200mm/s 乘以速度百分比，过渡参数为 fine 自适应最佳参数，工具为 tool0，默认坐标系为世界坐标系。

3）圆弧运动指令 MCICR。从当前点位置经过中间点位置到达目标点位置的循环（笛卡儿）移动。如果不使用 MBREAK 或任何其他移动指令中断 MCICR 的序列，则所有后续的 MCICR 指令都将使用前两个点对目标点执行圆弧以定义圆。如果需要改变姿态，方向轴（A、B 和 C）将被插补（开始移动并同时到达目标位置）到主轴（X、Y 和 Z）。

> 注意：
>
> 如果圆弧运动的起始点和终点是同一个点，圆弧运动将是不可知的。

格式：MCICR（中间点，目标点，速度，过渡参数，工具，参考坐标系）；
例如：

```
MJOINT(p1,v200,fine,tool0);
MCICR(p2,p3,v200,fine,tool0);
MCICR(p4,p1,v200,fine,tool0);
```

执行以上 3 行指令程序，则会走出如图 4-18 所示的轨迹。

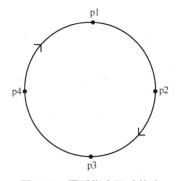

图 4-18　圆弧指令运动轨迹

（2）常用条件判断指令

1）IF 语句指令。表示条件判断，如果 IF 条件为真，Then 后面的指令则会执行。例如：

```
IF io.input[12] = true THEN
    MJOINT(p1,v100,z100,tool0);
ENDIF;
```

这条语句的意思是：如果机器人 IO 板输入信号 io.input[12] 有信号，则执行 MJOINT 指令运动到 p1 点。

2）IF THEN ELSE 语句指令。IF 条件为真，则执行 IF 后的指令语句；否则执行 ELSE 后的指令语句。例如：

```
IF io.input[12] = true THEN
    MJOINT(p1,v100,z100,tool0);
ELSE
    MLIN(p2,v100,z100,tool0);
ENDIF;
```

这条语句的意思是：如果机器人 IO 板输入信号 io.input[12] 有信号，则执行 MJOINT 指令运动到 p1 点，否则执行 MLIN 直线运动到 p2 点，这几行指令执行完成后不再执行。

注意：

当键入一个 IF 时，同时会自动添加 END IF。如果想要插入 ELSE 语句，必须选中 END IF 语句，然后在示教器显示的编辑栏（右下角）进行添加。

3）事件等待 WAIT。等待条件的执行，如果设置了超时，则可以选择中断等待。如果等待正确终止，则可选参数的结果将为 0；如果超时，则不等于 0。timeout 和 result 参数是可选的。

格式：WAIT（condition,[timeout],[result]）;

例如：

```
WAIT(io.input[12]);
MLIN(* ,v500,fine,tool0);
```

这条语句的意思是：如果机器人 IO 板输入信号 io.input[12] 有信号，则执行下一行程序，否则程序一直执行 WAIT 指令。

（3）赋值指令　通过此指令，可以为变量赋值。

格式：变量:= 表达式;

例如：i:=5

该例中，变量 i 被赋值为 5。

> **注意：**
>
> 　此指令不能用于将一个数组直接赋值给另外一个数组。如果想要把一个数组的值复制到另外一个数组，必须针对数组中的每个元素使用此指令。

（4）常用程序流控制指令

1）跳转指令 GOTO。跳到某一个特定的标签，并执行标签后的程序指令。

例如：

```
LABEL txt
    MLIN(* ,v500,fine,tool0);
      MLIN(* ,v500,fine,tool0);
GOTO txt;
```

当执行"GOTO txt;"这行程序后，程序会跳转到标号 LABEL 为 txt 这行继续向下执行。

2）循环体 FOR。循环执行某块代码若干次首先需要设置使用初始值表达式 init-expression 来初始化变量 variable，在代码块每次执行后，变量 variable 将会以增量表达式 increment expression 的值更新；如果更新后的变量 variable 值在初始值 initexpression 和终止值 endexpression 之间指定范围内，代码块将会再次执行，否则执行 FOR 循环体外的后续指令。若增量表达式不进行任何指定，默认变量 variable 的增量为 1。FOR 循环体可以使用 EXIT 和 CONTINUE 指令。

格式：

```
FOR variable := 初始值表达式 TO 终止值表达式 BY [增量表达式]DO:
...
END_FOR;
```

例如：

```
FOR i :=0 to 5 BY 1 DO
    MLIN(* ,v500,fine,tool0);
      MLIN(* ,v500,fine,tool0);
END_FOR
```

FOR 循环体内的两行执行语句将会循环执行 5 次。

3）循环 WHILE。如果 WHILE 条件为真，则执行 WHILE 内的代码块。

格式：

```
WHILE condition DO
...
END_WHILE;
```

例如：

```
WHILE i=2 DO
    MLIN( * ,v500,fine,tool0);
ENDWHILE
```

当 i 等于 2 的时候，执行 WHILE 内的代码 MLIN 指令，且只要 i 等于 2，WHILE 内的代码将会一直循环执行。

（5）子程序调用和执行指令

1）子程序调用指令 CALL。子程序大致可分为 3 类，如图 4-19 所示，sub1()；为无输入无输出参数的子程序，sub2(ap1, ap2)；为有输入无输出参数的子程序，ii，test：=sub3(ii,test)；为有输入有输出参数的子程序，在 main 主程序中调用子程序使用 CALL 指令即可。

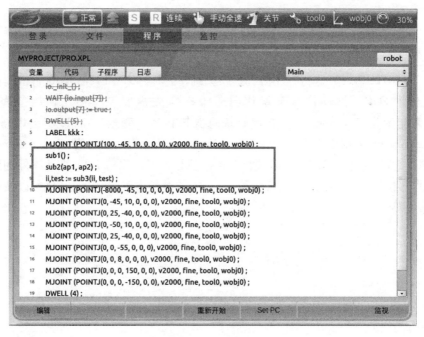

图 4-19　子程序

2）LOAD 加载的子程序执行指令 EXEC。执行在加载指令 LOAD 的模块中定义的子程序。子程序仅在运行时进行评估。在编译期间，不检查子程序的名称，因为它驻留在运行时加载的模块中。

格式：EXEC[result =]subroutine([parameters])；

例如：

```
LOAD "parprog.xpl";
...
EXEC "parprog.work";
...
EXEC value="parprog.calc"(a, b);
```

在此示例中，将执行子程序的运行和子程序的计算。

例如：

```
LOAD "sub_p01.xpl";
...
EXEC "sub_p01.Main";
```

此示例显示如何从另一个程序运行完整的程序。要从另一个程序运行程序，需要运行
Main 子程序。

4.4　在线编程与调试

1. 文件管理

文件管理器是为方便用户管理项目文件而设计的，主体部分展示目录结构，底部为文件
操作的功能按钮。支持新建、删除、重命名、复制、粘贴、剪切等功能，如图 4-20 所示。

由于程序文件都存储在控制器上，因此更换示教器不会造成程序文件丢失。如果需要在
不同机器人间复制程序，可以使用 U 盘复制，示教器上提供了标准 USB 接口。

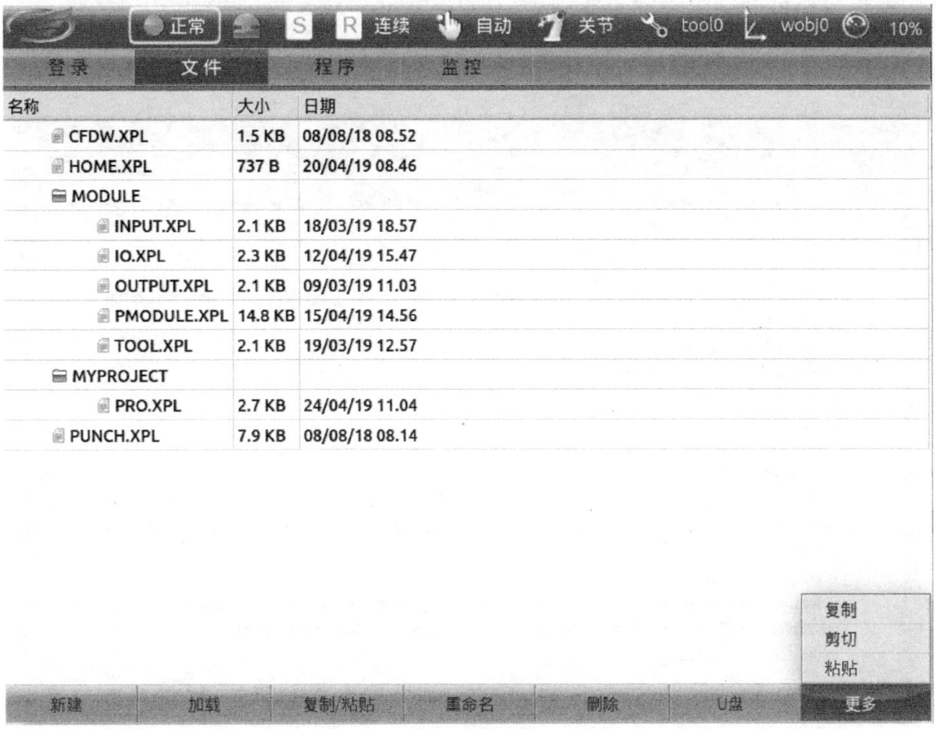

图 4-20　文件管理界面

（1）新建　"新建"包括新建文件和新建文件夹。单击"新建"按钮，在菜单中选择
文件或者文件夹；然后用弹出的键盘输入文件或者文件夹的名称。注意，新建文件时，需要
选中一个已存在的文件夹。

（2）加载 "加载"是将当前选中的文件，从 CF 卡中加载到控制器内存中；然后，通过"start""stop"，可操作机器人执行加载的程序动作。

（3）复制/粘贴 "复制/粘贴"包括了复制或粘贴两个操作。首先复制选中的文件或者文件夹，然后粘贴该文件或者文件夹，粘贴后的文件或者文件夹将自动重命名。

（4）重命名 使用"重命名"时需要注意，不可使用已有的名称。在对文件进行重命名时，可以不输入文件后缀。

（5）删除 使用"删除"操作时需要谨慎，因为该操作是不可逆的。

（6）U 盘 "U 盘"操作包括导入和导出。导入，在示教盒接口插入 U 盘，单击"导入"，弹出文件选择窗口，选择需要导入的文件。导出，在示教盒接口插入 U 盘，选择一个文件或者文件夹，然后选择"导出"。

（7）更多 单击"更多"功能按钮会展开折叠菜单，折叠菜单中包含的功能按钮有"复制""剪切""粘贴"，该处"复制""剪切""粘贴"功能能完成不同目录间的文件操作。首先，选中文件，单击"更多"中的"复制"或"剪切"按钮，然后选中目标位置，单击"更多"中的"粘贴"按钮完成整个复制、粘贴工作。

2. 编辑程序

在文件管理器界面，新建或者加载一个程序，示教器界面会自动跳转到程序编辑器界面。程序编辑器显示的程序，即当前控制器内存中加载的程序，如图 4-21 所示。

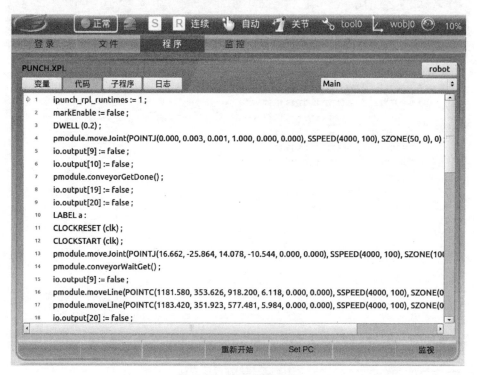

图 4-21　程序编辑界面

编辑一个程序，包括两个方面：一是程序变量的操作；二是程序指令的操作。

（1）程序变量的操作 如图 4-22 所示，在变量管理界面，单击红色标识处的按钮，弹出添加变量窗口，根据需要选择变量的作用域、变量类型、存储方式；双击相应的变量，可以修改变量的作用域、变量类型、存储方式；选择需要删除的变量，然后单击图中红圈按钮，可删除变量。

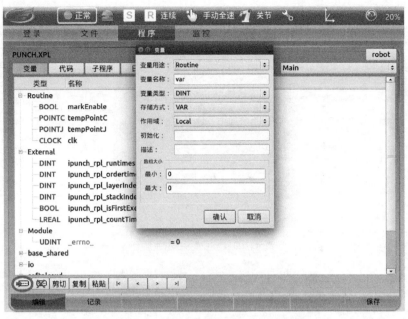

图 4-22 程序变量的添加、修改或删除

（2）添加指令 如图 4-23 所示，在程序编辑界面，单击"添加"按钮，将会在当前选中行的上一行插入"…"。选中"…"，然后单击"编辑"按钮，进入指令编辑界面。

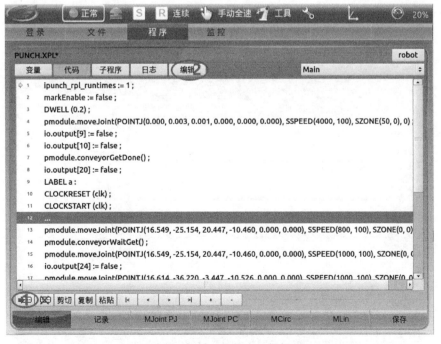

图 4-23 行插入及指令编辑操作

如图 4-24 所示，右侧是 RPL 语言的指令集，选中需要插入的指令，然后双击。不同的指令需要不同的参数，参数设置完成后，单击"确认"按钮，即可插入指令。单击"Esc"可取消指令插入。

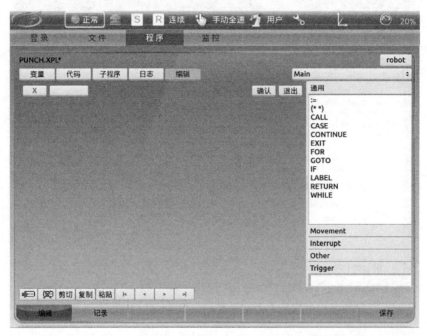

图 4-24　从指令集中选取指令

在程序编辑界面，选中需要修改的指令，单击"编辑"按钮，进入指令编辑界面，如图 4-25 所示。

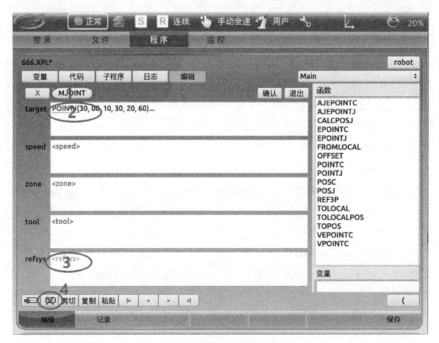

图 4-25　指令修改

选中标记1，然后在右侧双击指令，可更改当前指令类型。

选中标记2，然后单击"记录"按钮，可示教当前位置点。

选中标记3，然后单击"删除"按钮（标记4），可清除当前设置的参数。

设置完参数后，单击"确认"按钮，即可完成指令修改。单击"Esc"按钮可取消指令修改。

在程序编辑界面，选中需要删除的程序行，然后单击"删除"按钮，即可删除当前选中行，如图4-26所示。

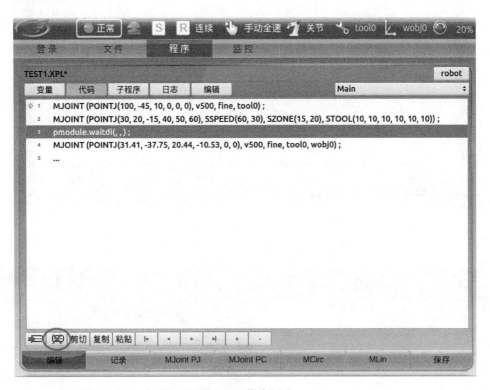

图4-26　指令删除

（3）新建子程序　如图4-27所示，在"子程序"（英文"Subroutines"）标签页面，单击左下角的"新建"按钮，在弹出的软键盘中输入子程序的名称，即可新建一个子程序。

1）修改子程序。若右上角的下拉框显示的是Main，"变量"（英文"Vars"）和"代码"（英文Code）即是主程序的变量管理和程序管理。

单击下拉框，选择需要修改的子程序，此时，"变量"（英文"Vars"）和"代码"（英文Code）即是子程序的变量管理和程序管理。子程序的修改请参考主程序的修改。

2）删除子程序。单击"子程序"（英文"Subroutines"）标签，选中需要删除的子程序，然后单击左下角的"删除"按钮。

3. 点位示教

当程序编辑结束后，在程序调试机器人运动之前需要对程序中的位置进行示教记录。位置信息示教记录有两种方法，一是在变量界面选中要示教的位置变量，单击"记录"按钮即可；二是在指令修改界面选中target目标点，单击"记录"按钮即可，如图4-28所示。

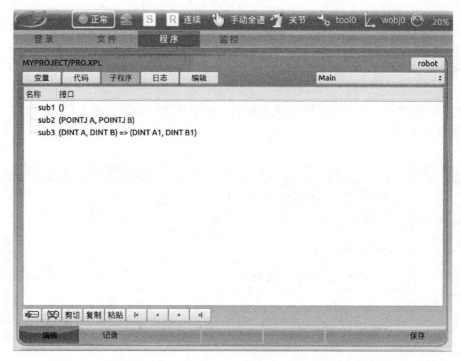

图 4-27　子程序新建

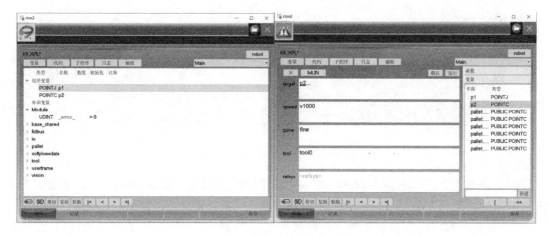

图 4-28　点位示教

4. 调试程序

（1）程序指针　程序指针用于显示当前程序运行的位置及状态，见表 4-19。

表 4-19　指针状态

状态	说明
	当前没有任何操作，只指示当前行号
	表示当前行处于预备状态，可以执行

（续）

状态	说明
➡	表示当前行处于激活状态，在运行中
⚠	当前程序行有错误
🛆	当前程序行有运动
➡🛆	表示当前行处于激活状态，而且有运动在执行
⚠🛆	当前行运动有错误

（2）程序运行模式 程序运行模式有单步进入、单步跳过和连续 3 种，见表 4-20。

表 4-20 程序运行模式

模式	说明
单步进入	程序每执行一行结束都将停下。当执行子程序时会进入子程序的界面
单步跳过	程序每执行一行结束都将停下。当执行子程序时不会进入子程序的界面
连续	程序开始执行后，一直运行到程序末尾结束执行

1）单步运行。在运行程序前，需要将机器人伺服使能（将钥匙开关切换到手动模式，并按下手压开关）。单击 "F3" 切换至 "单步进入" 状态，这里以 "单步进入" 状态为例。选择第 11 行，单击 "Set PC" 按钮，将程序指针定位到第 11 行，如图 4-29 所示。

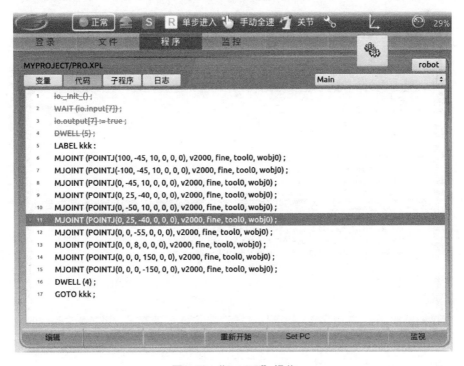

图 4-29 "Set PC" 操作

单击"重新开始"按钮，程序从当前行开始运行。当前行运行完成后，指针将跳转至下一行，程序指针状态由➡变成➡，如图4-30所示。

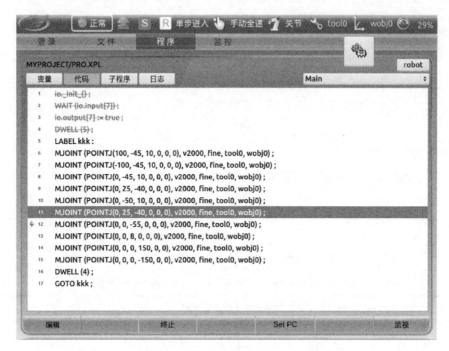

图4-30　程序指令移动与变化

若单击"终止"按钮，程序指针由变➡成➡，当前程序被终止，如图4-31所示。

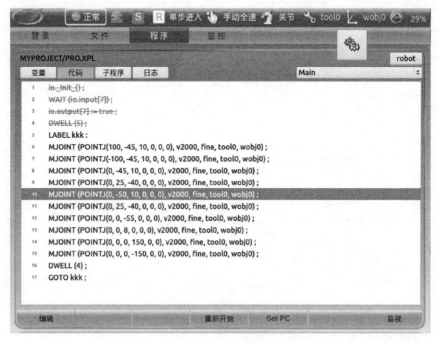

图4-31　程序调试终止

单击"重新开始"按钮，程序指针会返回至第 1 行，如图 4-32 所示。

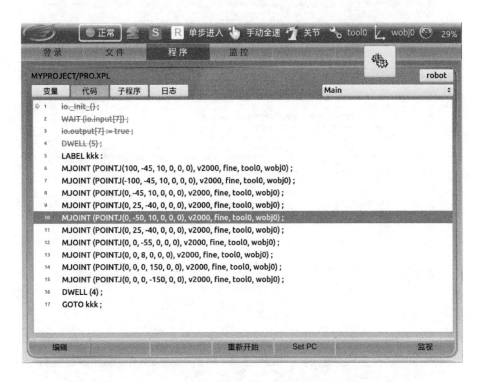

图 4-32　程序调试重新开始

单击"监视"按钮可以查看当前机器人的位置。

> 注意：
>
> 　　程序运行过程中，在程序区域下方的操作按钮中，除了"监视"按钮其他均会被隐藏。当程序执行到末尾结束后，程序指针会消失，需要重新设置程序的执行位置。

2）连续运行。在运行程序前，需要将机器人伺服使能（将钥匙开关切换到手动模式，并按下手压开关；或将钥匙开关切换到自动模式，并按下示教器上"PWR"功能键），该过程与单步运行相似。

与单步运行不同之处在于，当程序从某一行开始执行后，直到程序末尾结束。在运行过程中单击"Stop"按钮，程序暂停运行；再按下"重新开始"按钮，程序能够继续执行，如图 4-33 所示。

3）运行错误。当编辑的程序文件存在问题，语句存在问题，以及运动的错误都会产生报警，如图 4-34 所示。

通过单击"日志"按钮查看运行日志，可以获取具体的报警信息。单击"Reset error"按钮可以清除当前的报警。

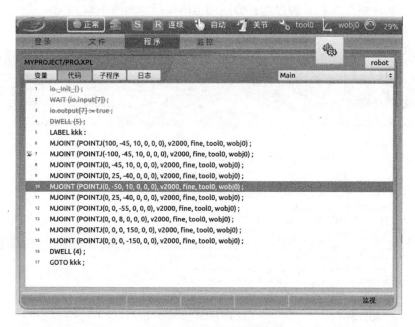

图4-33　程序调试连续运行

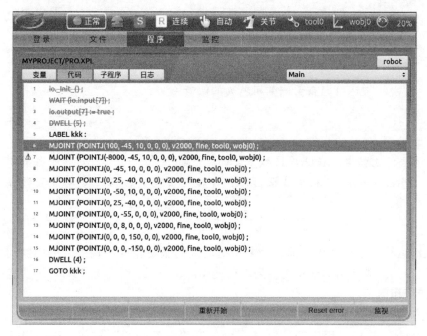

图4-34　程序出错

第5章

工业机器人周边设备编程与调试

5.1 PLC 编程软件的使用

5.1.1 PLC 编程软件基本操作

信捷 XD5 系列 PLC 使用的编程软件为 XDPPro，在信捷官网（www. xinje. com）可以下载。下面以 XDPPro V3. 7. 4 为例，说明软件的安装和卸载步骤。

> **注意：**
>
> XDPPro V3. 7. 4 适合于 Windows 2000、Windows NT、Windows XP、Windows 7 及以上等平台。

1. 安装步骤

（1）安装 Framework 2. 0 库　如果操作系统未安装过 Framework 2. 0 库，要先在信捷官网→"下载中心"里下载"Microsoft NET Framework 2"，然后运行安装文件夹中的"dotnetfx"子文件夹下的安装程序"dotnetfx. exe"，如图 5-1 所示。

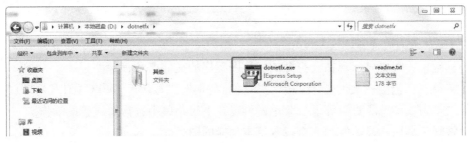

图 5-1　安装 Framework 2. 0 库

> **注意：**
>
> • 安装前请关闭 360 杀毒等杀毒软件，必要时请关闭防火墙。

● Windows 7-64、Windows 8 及以上操作系统的计算机需要先安装 Framework 4.0 库，请直接到微软官网下载并安装。

（2）安装 PLC 编程软件　在 XD/XL/XG 的编程软件安装包里，双击"XDPPro_3.7.4_20200624.6_zh"，根据安装向导进行安装，如图 5-2 所示。

名称	修改日期	类型	大小
install	2020/9/21 19:57	配置设置	2 KB
PLC下载方式2020.9.13	2020/9/15 8:33	PDF Document	2,299 KB
XDPPro_3.7.4_20200624.6_zh	2020/9/18 16:02	应用程序	17,404 KB
XDPPro软件升级记录	2020/9/21 13:20	文本文档	9 KB
XNetSetup_2020_03_24_v2.2.070_Beta	2020/4/6 14:13	应用程序	32,921 KB

图 5-2　安装包文件夹

安装软件时会默认先安装"XNetSetup_2020_03_24_v2.2.070_Beta"，若已安装可跳过此步骤，若未安装或安装过低版本的 XNet，可根据提示先卸载再安装，选择安装目录，单击"下一步"即可。

注意：
※1：安装时不要安装到 C 盘上，安装路径不要出现中文，不要与之前的安装路径相同，防止原软件卸载有残留导致新软件无法运行。
※2：如果计算机只有 C 盘一个磁盘分区，需要查找到映射的虚拟文件夹（需要打开查看隐藏文件夹的开关），删除该文件夹下的所有文件，再将软件安装在 C 盘下。如：用户 admin 软件安装在"C:\Program Files (x86)\XINJE\XDPPro\"，则将"C:\Users\admin\AppData\Local\VirtualStore\Program Files (x86)\XINJE\XDPPro\"下的文件全部删除。

2. 界面基本构成（见图 5-3）

1）标题栏：主要显示现在已打开的梯形图程序的文件名和存储路径。

2）菜单栏：包括"文件""编辑""查找\替换""显示""PLC 操作""PLC 设置""选项""窗口"和"帮助"等下拉菜单，可以在下拉菜单中选择要进行的操作。

3）常规工具栏：显示复制、查找等基本功能的图标。

4）PLC 操作栏：包括上传、下载、运行、监控等常用操作，见表 5-1。

表 5-1　PLC 操作栏

图标	操作	功能
⬇	下载	将编程软件里的程序或数据下载到 PLC 里

（续）

图标	操作	功能
	保密下载	将编程软件里的程序或数据以保密方式下载到 PLC 里，程序下载后无法上传，上传会提示"程序不存在"
	上传	将 PLC 里的程序或数据读取到编程软件里
	运行	运行 PLC 里的程序
	停止	停止 PLC 里的程序运行
	加锁	对程序进行加锁
	解锁	对程序进行解锁
	梯形图监控	对梯形图程序运行过程进行监控
	数据监控	对 PLC 所有软元件的状态或数值进行监控、设置

注：PLC 初次加锁需要在"PLC 设置"→"密码设置"处输入密码，再重新下载程序，PLC 则会自动加锁。加锁后上传程序前需要解锁（单击上传会弹出解锁界面，或者手动单击"解锁"，输入正确密码即可上传程序），解锁后程序不需要密码就可上传，此时单击"加锁"，则密码再次生效。

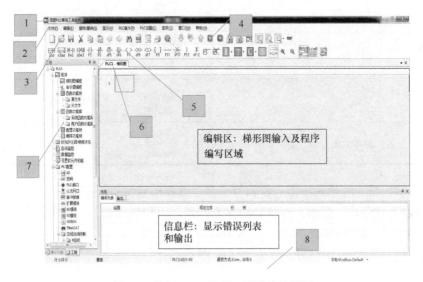

图 5-3　信捷 PLC 编程工具软件的界面

5）梯形图输入栏：要输入指令符号时选择相应的符号图标，见表 5-2。

表 5-2　梯形图输入栏

图标	操作	图标	操作
Ins	插入一节点	F12	竖线
sIns	插入一行	sF12	删除竖线
Del	删除一节点		鼠标划线
sDel	删除一行		鼠标删线
F5	常开节点	I	指令配置
F6	常闭节点	T	配置功能块
sF5	上升沿	C	C 功能块库
sF6	下降沿	S	顺序功能块
F7	输出线圈		自动适应列宽
sF8	复位线圈		放大
sF7	置位线圈		缩小
F8	指令框		梯形图显示
F11	横线	Ld m0	命令语显示
sF11	删除横线		语法检查

6）窗口切换栏：切换梯形图、软元件注释、已使用软元件等窗口。

7）工程栏/指令栏：显示工程目录和指令列表。工程栏中的选项主要为方便用户操作，这些功能也包括在菜单栏中。

8）状态栏：显示 PLC 型号、通信方式及 PLC 的运行状态等信息。

3. 创建或打开工程

（1）打开 PLC 编程软件　双击桌面上的快捷图标 ![icon] 打开程序。XDPPro 刚启动时显示的画面如图 5-4 所示。

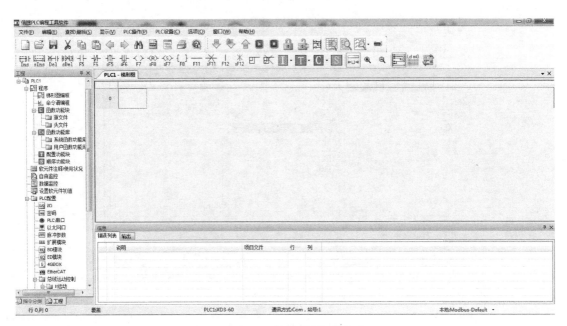

图 5-4　PLC 编程软件初始状态

（2）创建新工程

1）选择【文件】→【创建新工程】或单击图标，弹出"机型选择"窗口。如果当前已连接 PLC，软件将自动检测出机型，如图 5-5 所示。

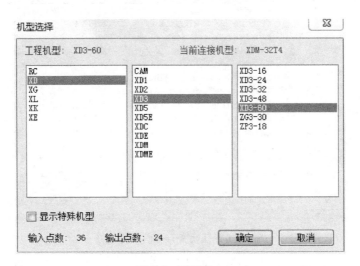

图 5-5　联机状态

2）在"机型选择"窗口中，请按照实际连接机型选择工程机型，然后单击"确定"按钮，则完成一个新工程的建立，如图 5-6 所示。

（3）打开工程　选择【文件】→【打开工程】或单击图标，然后在"打开 PLC 工程文件"对话框中选择 * . xdp 类型文件，单击"打开"按钮，就完成了，如图 5-7 所示。

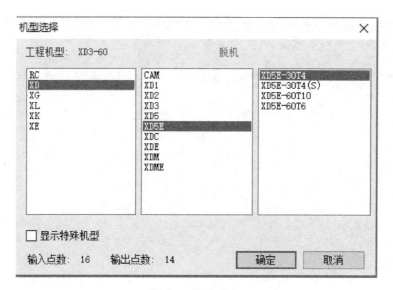

图 5-6　脱机状态

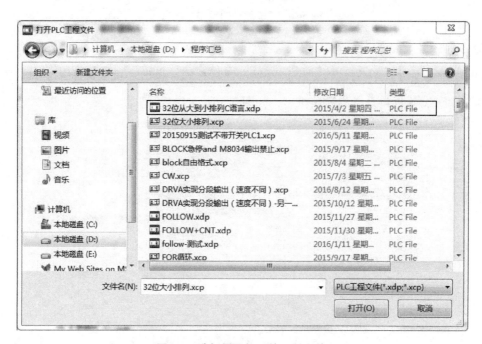

图 5-7　选择需要打开的工程文件

　　注：一般打开一个 XDPPro 工程时，软件检测发现其为旧版本文件时，则将先对原文件进行备份，文件名统一为 ＊.bak，需要使用之前的文件时，只要将后缀改为".xdp"，用 XDPPro 打开即可。

　　4. PLC 类型的添加、更改和删除

　　工程新创建时，将被默认为 PLC1，当用户需要对多个 PLC 进行编缉时，可以在同一个界面下添加多个 PLC 编辑对象。

（1）添加 PLC

方法一：单击【文件】—【添加 PLC】。

方法二：至左侧工程栏，右击【PLC1】—【添加 PLC】，如图 5-8 所示。

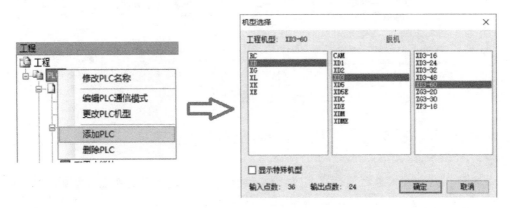

图 5-8　添加 PLC

在机型选择对话框中选择 PLC 机型，单击"确定"按钮。成功添加 PLC 后，将被默认命名为"PLC2"，左侧的工程栏也起了相应变化，如图 5-9 所示。

（2）更改 PLC 机型　与添加 PLC 操作相似，在左侧工程栏中，右击【PLC1】-【更改 PLC 机型】，如图 5-10 所示。

（3）删除机型

方法一：直接右击要删除的 PLC，选择"删除 PLC"，如图 5-11 所示。

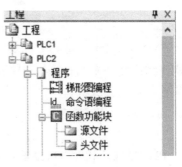

图 5-9　成功添加"PLC2"

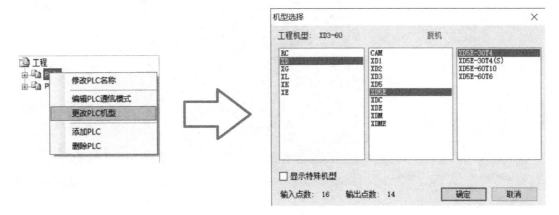

图 5-10　更改 PLC 机型

方法二：先选中要删除的 PLC，然后单击【文件】—【删除 PLC】。

执行操作后，系统将提示是否确认删除，确认删除，请单击"确定"按钮，否则单击"取消"按钮。

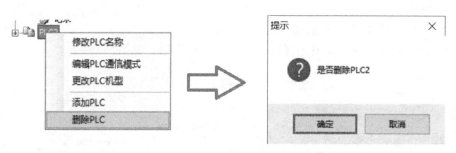

图 5-11　删除 PLC

> **注意：**
> 多个 PLC 编辑对象之间的代码可以相互复制，不同工程间也可进行复制和粘贴等操作。

5.1.2　联机操作

XD/XL/XG 系列 PLC 可以使用 RS232 口、USB 口、RJ45 口联机。RS232 口联机使用 XVP 线连接 PLC 与计算机，USB 口联机使用打印机线连接 PLC 与计算机，RJ45 口使用网线连接 PLC 与计算机。

1. 通过 USB 口连接

1）单击菜单栏【选项】—【软件串口设置】，或单击图标 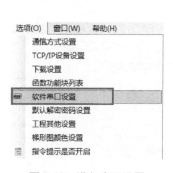，如图 5-12 所示。

2）弹出【软件串口设置】窗口，单击"新建"按钮，配置界面如图 5-13 所示。

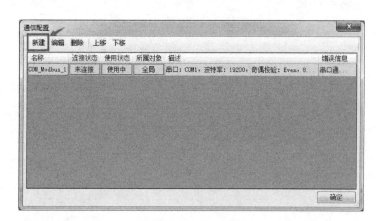

图 5-12　进入串口设置　　　　　　　　　图 5-13　通信参数配置

3）通信接口选为 USB，通信协议为 Xnet，查找方式为设备类型，重启服务后，单击"确定"按钮，如图 5-14、图 5-15 所示。

4）使用状态改为"使用中"后，再单击"确定"按钮，如图 5-16 所示。

5）提示"成功连接到本地 PLC"，表示连接成功，如图 5-17 所示。

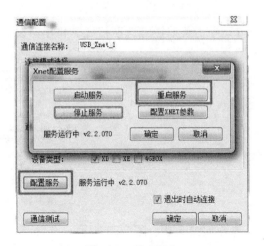

图 5-14 新建 USB 串口通信配置   图 5-15 重启服务

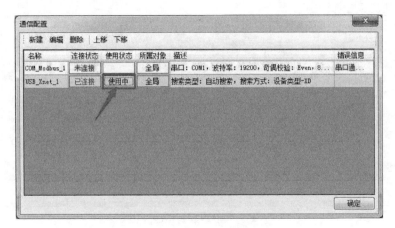

图 5-16 确认 USB 串口连接

图 5-17 创建 USB 串口连接成功

2. 通过串口连接

1）单击菜单栏【选项】—【软件串口设置】，或单击图标 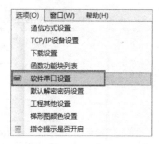，如图 5-18 所示。

图 5-18　进入串口设置

操作如图 5-19、图 5-20 所示。

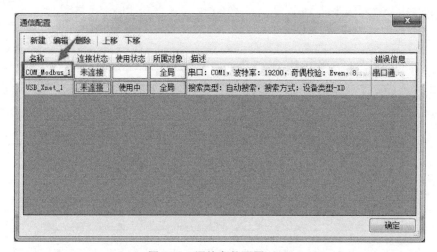

图 5-19　通信参数配置（1）

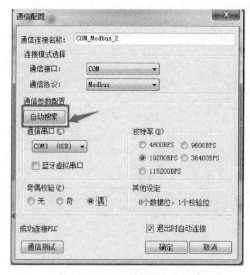

图 5-20　通信参数配置（2）

单击"自动搜索"按钮，显示成功连接 PLC，单击"确定"按钮。

使用状态改为"使用中"，单击"确定"按钮，显示"成功连接到本地 PLC"，至此，您已经成功将 PLC 与计算机连接，如图 5-21 所示。

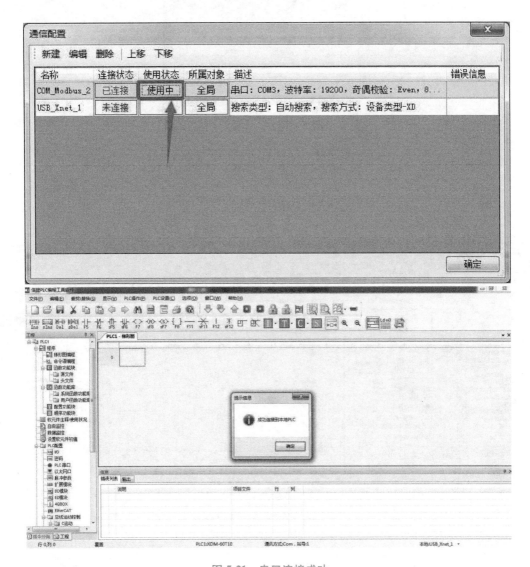

图 5-21 串口连接成功

2）若自动检测失败，则可使用上电停止 PLC 功能。若检测串口失败，出现如图 5-22 所示提示信息，可能串口参数被修改，可使用上电停止 PLC。

3）再单击【PLC 操作】—【上电停止 PLC】，如图 5-23 所示。

4）出现如图 5-24 提示：选择设备管理器中对应的 COM 口，确认连接 PLC 上的第 1 个圆口，单击"确定"按钮。

5）根据提示，给 PLC 断电，等 PLC 上的 PWR 灯灭了后，等待 5s，给 PLC 重新上电，出现如图 5-25 提示，表示上电停止成功，单击"确定"按钮。

图 5-22 自动检测串口失败

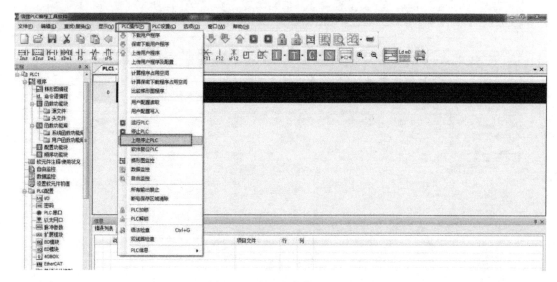

图 5-23 进入上电停止 PLC

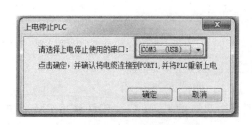

图 5-24 选择上电停止使用的串口

图 5-25 上电停止成功

6）单击"确定"按钮后，点运行 PLC，右下角出现运行扫描周期即已连接成功，如

图 5-26 所示。

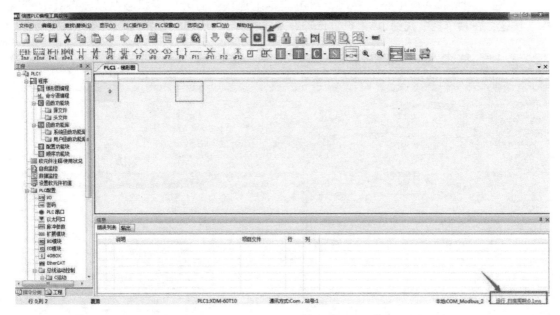

图 5-26 连接成功

3. 通过以太网口连接

（1）设置网口 PLC 的 IP 地址　网口 PLC 默认 IP 为 192.168.6.6，可通过编程软件对其修改。打开 XDPPro 软件，软件左侧工程一栏中找到【PLC 配置】→【以太网口】，如图 5-27 所示。

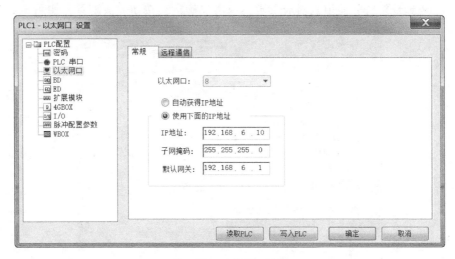

图 5-27 以太网口设置

（2）设置计算机的 IP 地址

1）在计算机桌面右下角找到 网络图标，鼠标右键选择"打开网络共享中心"。

2）在"网络和共享中心"界面，双击"本地连接"打开网卡状态信息，再双击"属性"按钮，在菜单栏中找到 IPv4 设置选项并双击打开 IP 地址配置界面，如图 5-28 所示。

图 5-28　本地连接 IP 地址配置

3）在 IP 地址配置界面填入对应参数，单击"确定"按钮完成配置，如图 5-29 所示。

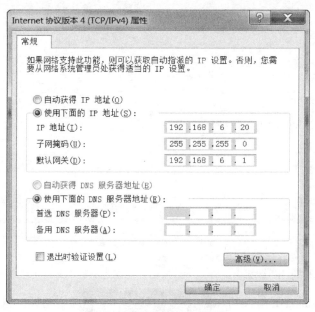

图 5-29　IP 地址参数配置界面

（3）XDPPro 通过网口连接 PLC　网口连接 PLC 主要分为 3 种方式：指定 IP 地址连接、局域网口按 ID 查找和远程连接。

1）指定 IP 地址连接。打开编程软件，选择【软件串口设置】，选择任意一个通信口，进入配置界面；通信接口选择 "Ethernet"；网口协议支持 Modbus-TCP 与 Xnet，两种协议均可选择，如图 5-30 所示。

图 5-30　通信参数配置

选择 Xnet 协议，设备 IP 地址选择网口配置的 IP，再单击 "配置服务"→"重启服务"，参数填写完成后单击 "确定" 按钮即可完成连接，如图 5-31 所示。

选择 Modbus-TCP，设备 IP 处填写 PLC 的 IP，本地 IP 处填写计算机的 IP，或是直接单击 "扫描 IP" 按钮自动输入相关参数，单击 "确定" 按钮即可完成连接，如图 5-32 所示。

图 5-31　选择 Xnet 连接

图 5-32　选择 Modbus 连接

2）局域网口按 ID 查找。打开编程软件，选择【软件串口设置】，选择任意一个通信口，进入配置界面；通信接口选择 "Ethernet"；通信协议选择 Xnet，连接方式选择 "局域网口"，查找方式可以选 "设备类型" 或是 "设备 ID"，两种方式都可以选择。

方式一：查找方式选择 "设备类型"，勾选相应类型，再单击 "配置服务"→"重启服务"，单击 "确定" 按钮即可完成连接，如图 5-33 所示。

方式二：查找方式选择 "设备 ID"，填入网口 PLC 的 ID 号（PLC 的 ID 号可以查看

PLC 标签，也可以通过左侧菜单栏中的"PLC 本体信息"查看，本体信息查看 ID 号的前提是 PLC 与软件通信上了），如图 5-34 所示。

图 5-33　查找方式选"设备类型"完成连接　　　图 5-34　查找方式选"设备 ID"完成连接

注意：

①ID 连接和局域网连接都要求 PLC 的 IP 与计算机的 IP 在同一网段。

②一台计算机可能有多个网卡，通过 Ethernet 与网口 PLC 通信时只能使用一个网卡，一个网卡只能配置一个 IP 地址。

③如果正常操作下无法连接，请按以下步骤检查：

a. 如果当前计算机可以 Ping 通 PLC 的 IP 地址，但是连接不上，此时可读取编程软件左边工程栏"以太网口"，如果读取出以太网配置为"自动获取 IP 地址"，则更改"使用下面 IP 地址"，给定 IP 等参数后并重新上电 PLC，如图 5-35 所示。

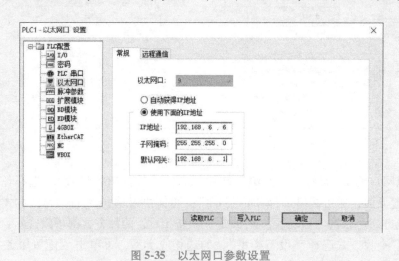

图 5-35　以太网口参数设置

b. 如果 a 确认没问题，请查看计算机的"本地连接状态"在"详细信息"中查看 IPv4 的地址，是否是只有一个 IP。如有 IPv4 地址有两个 IP，则说明计算机有两个网卡，此时可将多余的网卡卸载，如图 5-36 所示。

图 5-36 查看"本地连接状态"的 IPv4 地址

c. 如果 a、b 确认没有问题，可使用 XNet config tool 工具查看"我的电脑"→"本地配置"，"适配器设置"选择"跟随系统"，或对应的网卡，如图 5-37 所示。

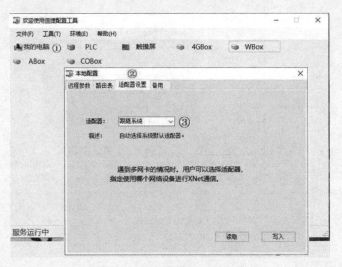

图 5-37 适配器选择跟随系统

若以上配置都没有问题，且可以 Ping 通。请使用 XNet config tool 工具查看"我的电脑"的"路由表"设置和 PLC 的"路由表配置"，保证其路由表设置一样，可以单击"读取"按钮查看路由表配置，如图 5-38、图 5-39 所示。

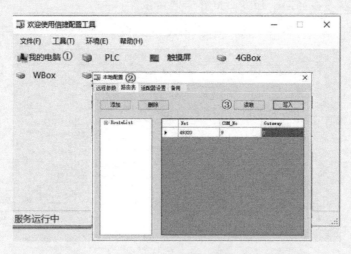

图 5-38　路由表设置

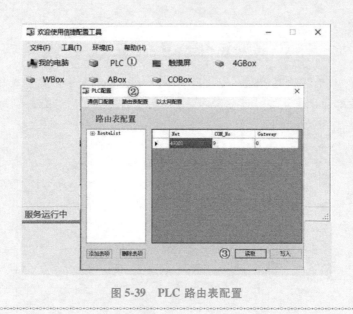

图 5-39　PLC 路由表配置

5.1.3　PLC 配置

1. PLC 串口设置

Modbus 通信参数和自由格式通信参数主要通过左侧工程栏【PLC 配置】→【PLC 串口】来配置。X-net 通信参数则需要通过 XINJEConfig 配置工具配置。

1）单击工程栏【PLC 配置】→【PLC 串口】，弹出串口设置窗口，如图 5-40 所示。

图 5-40 添加串口通信配置

2）单击"添加"按钮，可以选择"Modbus 通信"还是"自由格式通信"，如图 5-41 所示。

图 5-41 设置串口通信参数

3）依次选择"端口号"，对不同的串口进行设置；Modbus 通信模式有" Modbus-RTU"和"Modbus-ASCII"两种模式可供选择。

4）单击"读取 PLC"按钮获取 PLC 的默认通信参数。

5）单击"写入 PLC"按钮将当前设置的参数写入到 PLC 中，PLC 重新上电。

2. 以太网口设置

单击左侧工程栏【PLC 设置】→【以太网口】，分为常规、远程通信两个配置窗口。此功能主要用于以太网通信的基本设置，如图 5-42 所示。

5.1.4 以太网通信

在进行以太网通信之前，需要先了解以太网通信的几个基本概念，如 IP 地址分配、计算机网络地址及设定等。

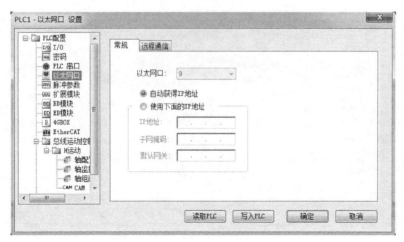

图 5-42　以太网口设置

1. 以太网的基本概念

（1）分配 IP 地址　如果编程设备（如计算机）使用网卡连接到工厂局域网（或者是互联网），则编程设备和 PLC 必须处于同一子网中。IP 地址与子网掩码相结合即可指定设备的子网。

网络 ID 是 IP 地址的第 1 部分，即前 3 个八位位组（例如 IP 地址为 211.154.184.16，则 211.154.184 代表网络 ID），它决定用户所在的 IP 网络。子网掩码的值通常为 255.255.255.0；然而由于计算机处于工厂局域网中，子网掩码可能有不同的值（例如，255.255.254.0）以设置唯一的子网。子网掩码通过与设备 IP 地址进行逻辑 AND 运算来定义 IP 子网的边界。

因此在 IP 地址分配时要保证计算机和 PLC 的 IP 地址的前 3 个八位位组（网络 ID）和子网掩码一致。

（2）设定计算机网络地址　对于 Windows 7 操作系统，可以通过以下步骤来分配或检查编程设备的 IP 地址。

1）打开"控制面板"→"网络和共享中心"，如图 5-43 所示。

图 5-43　网络和共享中心

2）单击"本地连接"，查看"属性"，如图 5-44 所示。

图 5-44　查看本地连接的属性

3）设定计算机的 IP 地址，使其与 PLC 处于同一子网下。

假设 PLC 的 IP 地址为 192.168.2.1，则需将计算机的 IP 地址设为具有相同网络 ID 的地址（如：192.168.2.100），设定子网掩码为 255.255.255.0。默认网关可留空。这样，可使计算机连接到 PLC，如图 5-45 所示。

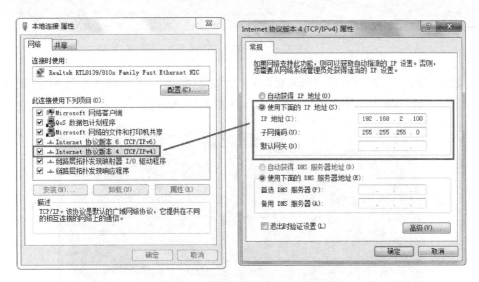

图 5-45　设定计算机的 IP 地址

（3）PING 命令　IP 地址设置好以后，可以通过 Ping 命令检查本地 TCP/IP 是否正常，以及是否可正常连接局域网中的其他计算机。

1）单击"开始"→"运行"，在输入框中输入"cmd"，如图 5-46 所示。

2）单击"确定"按钮，弹出命令窗口，如图 5-47 所示。

图 5-46　打开命令提示符应用

图 5-47　命令提示符窗口

3）输入"Ping 127.0.0.1"（127.0.0.1 表示本机）命令来检查本地的 TCP/IP 协议是否正常，发送与接收的数据相同就是正常的，如图 5-48 所示。

图 5-48　测试本地通信是否正常

4）输入"Ping 网络设备 ip"命令，检查本机是否能正常连接局域网其他计算机，如图 5-49 所示。例如①处输入"Ping 192.168.40.146"命令，按回车键后②处为 Ping 的结果，"0%丢失"表示可正常连接 IP 地址为 192.168.40.146 的计算机。

图 5-49　与远程设备的通信正常

若输入"Ping 192.168.40.127"命令，按回车键后 Ping 的结果为"100%丢失"，表示不能正常连接 IP 地址为 192.168.40.127 的计算机，如图 5-50 所示。

图 5-50　与远程设备的通信不正常

注意：

　　统计信息里，只有显示数据包"0%丢失"才表示通信连接正常。

2. TCP/IP 协议

TCP/IP 协议是现在比较通用的以太网通信协议，与开放互联模型 ISO 相比，该协议采用了更加开放的方式，它已经被美国国防部认可，并被广泛应用于实际工程。TCP/IP 协议可以用在各种各样的信道和底层协议（如 T1、X.25 以及 RS232 串行接口）之上。确切地说，TCP/IP 协议是包括 TCP 协议、IP 协议、UDP 协议、ICMP 协议和其他一些协议的协议组。

（1）端口号　在以太网中，基于 TCP 协议或 UDP 协议的通信必须使用端口号才能与上层应用进行通信，端口号的范围从 0 到 65535。有一些端口号对应有默认功能，比如用于浏览网页服务的 80 端口，用于 FTP 服务的 21 端口，用于 Modbus TCP 通信的 502 端口等。

（2）UDP 协议　UDP 为用户数据协议，是使用一种协议开销最小的简单无连接传输模型。UDP 协议中没有握手机制，因此协议的可靠性仅等同于底层网络。无法确保对发送、回复消息提供保护。对于数据的完整性，UDP 还提供了校验和，并且通常用不同的端口号来寻址不同函数。

（3）TCP 协议

1）TCP 的基本原理。TCP 协议为传输控制协议（Transport Control Protocol），是一种面向连接的、可靠的传输层协议。面向连接是指一次正常的 TCP 传输需要通过在 TCP 客户端和 TCP 服务端建立特定的虚电路连接来完成。要通过 TCP 传输数据，必须在两端主机之间建立连接。

在通过以太网通信的主机上运行的应用程序之间，TCP 提供了可靠、有序并能够进行错误校验的消息发送功能。TCP 能保证接收和发送的所有字节内容和顺序完全相同。TCP 协议在主动设备（即发起连接的设备）和被动设备（即接收连接的设备）之间创建连接。连接建立后，任意一方均可发起数据传送。

TCP 协议是一种"流"协议，这意味着消息中不存在结束标志，所有接收到的消息均被认为是数据流的一部分。例如，客户端设备向服务端发送 3 条消息，每条均为 20 个字节。服务器只看到接收到一条 60 字节的"流"（假设服务器在收到 3 条消息后执行一次接收操作）。

2）套接字（Socket）的基本概念。套接字（Socket）是通信的基石，是支持 TCP/IP 协议的网络通信的基本操作单元。它是网络通信过程中端点的抽象表示，包含进行网络通信必需的 5 种信息：连接使用的协议、本地主机的 IP 地址、本地进程的协议端口、远端主机的 IP 地址和远端进程的协议口。

应用层通过传输层进行数据通信时，TCP 会遇到同时为多个应用程序进程提供并发送服务的问题。多个 TCP 连接或多个应用程序进程可能需要通过同一个 TCP 协议端口传输数据。为了区别不同的应用程序进程和连接，许多计算机操作系统为应用程序与 TCP/IP 协议交互提供了套接字接口。应用层可以和传输层通过套接字接口区分来自不同应用程序进程或网络连接的通信，实现数据传输的并发服务。

3）建立套接字（Socket）连接。建立套接字连接至少需要一对套接字，其中一个运行于客户端（又称为 TCP 客户端），称为 ClientSocket，另一个运行于服务端（又称为 TCP 服务器），称为 ServerSocket。套接字之间的连接过程分为 3 个步骤：服务端监听、客户端请求和连接确认。

① 服务端监听：服务端套接字并不定位具体的客户端套接字，而是处于等待连接的状态，实时监控网络状态，等待客户端的连接请求。

② 客户端请求：指客户端的套接字提出连接请求，要连接的目标是服务端的套接字。

为此，客户端的套接字必须首先描述它要连接的服务端的套接字，指出服务端套接字的地址和端口号，然后向服务端套接字提出连接请求。

③ 连接确认：当服务端套接字监听到或者说接收到客户端套接字的连接请求时，立即响应客户端套接字的请求，建立一个新的线程，把服务端套接字的描述发给客户端，一旦客户端确认了此描述，双方就正式建立连接。而服务端套接字继续处于监听状态，继续接收其他客户端套接字的连接请求。

创建套接字连接时，可以指定使用的传输层协议，套接字可以支持不同的传输层协议（TCP 或 UDP），当使用 TCP 协议进行连接时，该套接字连接就是一个 TCP 连接，如图 5-51 所示。

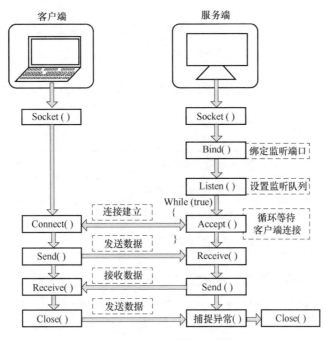

图 5-51　TCP 通信示意图

图 5-51 中，服务端的套接字处于监听状态，客户端向服务端提出连接请求，服务端接收到连接请求并发送回复确认信息给客户端，客户端收到后向服务端发送确认信息，完成资源分配后，一个 TCP 连接成立，此过程称为"三次握手"。

连接建立后，客户端和服务端进行数据的收发，数据收发完成后，客户端或服务端均可以发起连接关闭请求，经过"四次握手"后，TCP 连接关闭，一切数据收发中断。

3. PLC 以太网参数的配置

以太网通信中需设定 IP 地址作为每台设备的唯一标识。IP 地址的设定共有 4 项参数，编程软件和 XINJEConfig 配置工具里的 IP 地址设置界面如图 5-52 所示。

IP 地址获取方式支持自动获取、静态设定，PLC 出厂时初始设置为自动获取。

1）自动获取方式：子网中存在 DHCP 服务器时，IP、子网掩码、默认网关由 DHCP 服务器分配。无 DHCP 服务器时，网络参数使用默认值：IP 地址为 192.168.6.6；子网掩码为 255.255.255.0；默认网关为 192.168.0.1。

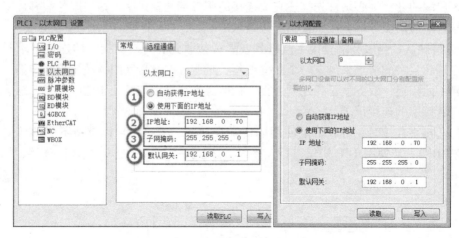

图 5-52 以太网配置界面

2）静态指定方式：用户分配 IP、子网掩码、默认网关信息。仅支持私有 IP 地址信息，见表 5-3。

表 5-3 地址的范围

IP 地址类型	IP 地址范围	IP 设备数量
A 类私有地址	10. 0. 0. 0 ~ 10. 255. 255. 255	16777216
B 类私有地址	172. 16. 0. 0 ~ 172. 31. 255. 255	1048576
C 类私有地址	192. 168. 0. 0 ~ 192. 168. 255. 255	65535

（1）以太网参数在编程软件中的配置 打开信捷 PLC 编程工具软件，软件左侧工程一栏中找到【PLC 配置】→【以太网口】。单击图标打开"以太网口"窗口，提示"当前机型不支持该功能"，并且无法对当前窗口进行任何操作，如图 5-53 所示。

图 5-53 机型不支持以太网通信

当前机型为以太网型 PLC 时，打开"以太网口"窗口，标签处于活跃可编辑状态，如图 5-54 所示。

图 5-54　以太网配置的初始界面

选择远程通信进入窗口（见图 5-55），可以配置远程参数，在局域网中通信不需要设置该项参数，所有参数配置完成后 PLC 重新上电，参数方可生效。

图 5-55　远程通信配置

（2）以太网参数在 XINJEConfig 中的配置　以太网机型在进行 XINJEConfig 中配置时，使用编程电缆连接 PLC 和计算机，可以通过 XNet 查找当前 PLC，如图 5-56 所示。

选择"配置"→"查找设备"→"XNet 查找"连接 PLC，当配置界面无报错信息时，则成功连接 PLC，如图 5-57 所示。

通过路径"配置"→"单机设备"→"以太网口"配置 Ethernet 参数，如图 5-58 所示。功能与 XDPPro 的配置相同，如图 5-59 所示。

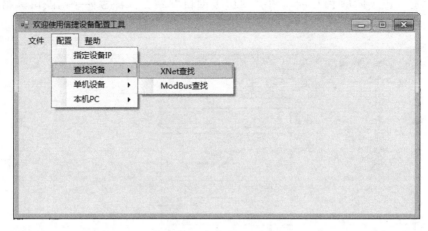

图 5-56　查找 XNet 设备

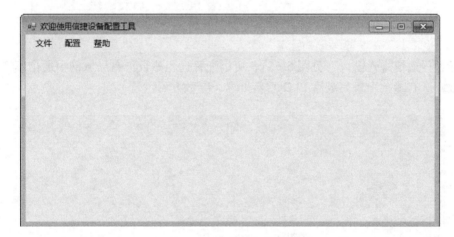

图 5-57　成功连接 PLC

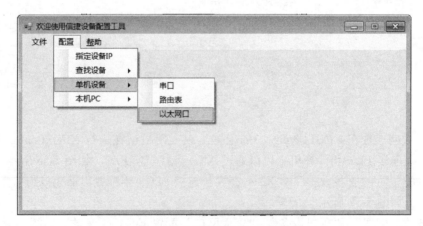

图 5-58　进入以太网配置界面

图 5-59   配置以太网参数

4. Modbus TCP 通信协议

（1）Modbus TCP 通信概述   Modbus TCP 结合了以太网物理网络和网络标准 TCP/IP 以及以 Modbus 作为应用协议标准的数据表示方法。Modbus TCP 通信报文被封装在以太网 TCP/IP 数据包中，Modbus 协议规范一帧数据的最大长度为 256 个字节。

Modbus TCP/IP 的通信系统中有两种类型的设备：Modbus TCP/IP 客户端和服务器设备。

1）客户端（TCP Client）主动向服务器（TCP Server）发起连接请求，连接建立成功，仅允许客户端主动发起通信请求。以太网机型作为 Modbus TCP 客户端时，通过 S_OPEN 指令建立 TCP 连接，通过 M_TCP 指令发起 Modbus 请求。

2）服务器主动监听 502 端口，等待客户端连接请求，连接建立成功，响应符合 Modbus TCP 协议规范的数据通信请求。以太网机型上电默认开启此服务，最大响应不超过 4 个 TCP 连接。

（2）Modbus 通信地址   XD5 系列可编程序控制器作为 Modbus 服务器时，内部软元件编号与对应的 Modbus 地址编号见表 5-4。

表 5-4   XD5 系列 PLC 的 Modbus 地址编号

类型	元件符号	元件编号	个数	Modbus 地址 （十六进制）	Modbus 地址（十进制）
线圈、 位对象	M	M0~M20479	20480	0~4FFFF	0~20479
	X	X0~X77（本体）	64	5000~503F	20480~20543
		X10000~X10077（#1 模块）	64	5100~513F	20736~20799
		X10100~X10177（#2 模块）	64	5140~517F	20800~20863
		X10200~X10277（#3 模块）	64	5180~51BF	20864~20927

（续）

类型	元件符号	元件编号	个数	Modbus 地址（十六进制）	Modbus 地址（十进制）
线圈、位对象	X	X10300~X10377（#4 模块）	64	51C0~51FF	20928~20991
		X10400~X10477（#5 模块）	64	5200~523F	20992~21055
		X10500~X10577（#6 模块）	64	5240~527F	21056~21119
		X10600~X10677（#7 模块）	64	5280~52BF	21120~21183
		X10700~X10777（#8 模块）	64	52C0~52FF	21184~21247
		X11000~X11077（#9 模块）	64	5300~533F	21248~21311
		X11100~X11177（#10 模块）	64	5340~537F	21312~21375
		X11200~X11277（#11 模块）	64	5380~53BF	21376~21439
		X11300~X11377（#12 模块）	64	53C0~53FF	21440~21503
		X11400~X11477（#13 模块）	64	5400~543F	21504~21567
		X11500~X11577（#14 模块）	64	5440~547F	21568~21631
		X11600~X11677（#15 模块）	64	5480~54BF	21632~21695
		X11700~X11777（#16 模块）	64	54C0~54FF	21696~21759
		X20000~X20077（#1 BD）	64	58D0~590F	22736~22799
		X20100~X20177（#2 BD）	64	5910~594F	22800~22863
		X30000~X30077（#1 ED）	64	5BF0~5C2F	23536~23599
	Y	Y0~Y77（本体）	64	6000~603F	24576~24639
		Y10000~Y10077（#1 模块）	64	6100~613F	24832~24895
		Y10100~Y10177（#2 模块）	64	6140~617F	24896~24959
		Y10200~Y10277（#3 模块）	64	6180~61BF	24960~25023
		Y10300~Y10377（#4 模块）	64	61C0~61FF	25024~25087
		Y10400~Y10477（#5 模块）	64	6200~623F	25088~25151
		Y10500~Y10577（#6 模块）	64	6240~627F	25152~25215
		Y10600~Y10677（#7 模块）	64	6280~62BF	25216~25279
		Y10700~Y10777（#8 模块）	64	62C0~62FF	25280~25343
		Y11000~Y11077（#9 模块）	64	6300~633F	25344~25407
		Y11100~Y11177（#10 模块）	64	6340~637F	25408~25471
		Y11200~Y11277（#11 模块）	64	6380~63BF	25472~25535
		Y11300~Y11377（#12 模块）	64	63C0~63FF	25536~25599
		Y11400~Y11477（#13 模块）	64	6400~643F	25600~25663
		Y11500~Y11577（#14 模块）	64	6440~647F	25664~25727
		Y11600~Y11677（#15 模块）	64	6480~64BF	25728~25791
		Y11700~Y11777（#16 模块）	64	64C0~64FF	25792~25855
		Y20000~Y20077（#1 BD）	64	68D0~690F	26832~26895
		Y20100~Y20177（#2 BD）	64	6910~694F	26896~26956
		Y30000~Y30077（#1 ED）	64	6BF0~6C2F	27632~27695

（续）

类型	元件符号	元件编号	个数	Modbus 地址 （十六进制）	Modbus 地址（十进制）
线圈、 位对象	S	S0~S7999	8000	7000~8F3F	28672~36671
	SM	SM0~SM4095	4096	9000~9FFF	36864~40959
	T	T0~T4095	4096	A000~AFFF	40960~45055
	C	C0~C4095	4096	B000~BFFF	45056~45151
	ET	ET0~ET39	40	C000~C027	49152~49191
	SEM	SEM0~SEM127	128	C080~C0FF	49280~49407
	HM	HM0~HM6143	6144	C100~D8FF	49408~55551
	HS	HS0~HS999	1000	D900~DCEF	55552~56551
	HT	HT0~HT1023	1024	E100~E4FF	57600~58623
	HC	HC0~HC1023	1024	E500~E8FF	58624~59647
	HSC	HSC0~HSC36	40	E900~E927	59648~59687
寄存器、 字对象	D	D0~D20479	20480	0~4FFF	0~20479
	ID	ID0~ID99（本体）	100	5000~5063	20480~20579
		ID10000~ID10099（#1 模块）	100	5100~5163	20736~20835
		ID10100~ID10199（#2 模块）	100	5164~51C7	20836~20935
		ID10200~ID10299（#3 模块）	100	51C8~522B	20936~21035
		ID10300~ID10399（#4 模块）	100	522C~528F	21036~21135
		ID10400~ID10499（#5 模块）	100	5290~52F3	21136~21235
		ID10500~ID10599（#6 模块）	100	52F4~5357	21236~21335
		ID10600~ID10699（#7 模块）	100	5358~53BB	21336~21435
		ID10700~ID10799（#8 模块）	100	53BC~541F	21436~21535
		ID10800~ID10899（#9 模块）	100	5420~5483	21536~21635
		ID10900~ID10999（#10 模块）	100	5484~54E7	21636~21735
		ID11000~ID11099（#11 模块）	100	54E8~554B	21736~21835
		ID11100~ID11199（#12 模块）	100	554C~55AF	21836~21935
		ID11200~ID11299（#13 模块）	100	55B0~5613	21936~22035
		ID11300~ID11399（#14 模块）	100	5614~5677	22036~22135
		ID11400~ID11499（#15 模块）	100	5678~56DB	22136~22235
		ID11500~ID11599（#16 模块）	100	56DC~573F	22236~22335
		ID20000~ID20099（#1 BD）	100	58D0~5933	22736~22835
		ID20100~ID20199（#2 BD）	100	5934~5997	22836~22935
		ID30000~ID30099（#1 ED）	100	5BF0~5C53	23536~23635

（续）

类型	元件符号	元件编号	个数	Modbus 地址（十六进制）	Modbus 地址（十进制）
寄存器、字对象	QD	QD0~QD99（本体）	100	6000~6063	24576~24675
		QD10000~QD10099（#1 模块）	100	6100~6163	24832~24931
		QD10100~QD10199（#2 模块）	100	6164~61C7	24932~25031
		QD10200~QD10299（#3 模块）	100	61C8~622B	25032~25131
		QD10300~QD10399（#4 模块）	100	622C~628F	25132~25231
		QD10400~QD10499（#5 模块）	100	6290~62F3	25232~25331
		QD10500~QD10599（#6 模块）	100	62F4~6357	25332~25431
		QD10600~QD10699（#7 模块）	100	6358~63BB	25432~25531
		QD10700~QD10799（#8 模块）	100	63BC~641F	25532~25631
		QD10800~QD10899（#9 模块）	100	6420~6483	25632~25731
		QD10900~QD10999（#10 模块）	100	6484~64E7	25732~25831
		QD11000~QD11099（#11 模块）	100	64E8~654B	25832~25931
		QD11100~QD11199（#12 模块）	100	654C~65AF	25932~26031
		QD11200~QD11299（#13 模块）	100	65B0~6613	26032~26131
		QD11300~QD11399（#14 模块）	100	6614~6677	26132~26231
		QD11400~QD11499（#15 模块）	100	6678~66DB	26232~26331
		QD11500~QD11599（#16 模块）	100	66DC~673F	26332~26431
		QD20000~QD20099（#1 BD）	100	68D0~6933	26832~26931
		QD20100~QD20199（#2 BD）	100	6934~6997	26932~27031
		QD30000~QD30099（#1 ED）	100	6BF0~6C53	27632~27731
	SD	SD0~SD4095	4096	7000~7FFF	28672~32767
	TD	TD0~TD4095	4096	8000~8FFF	32768~36863
	CD	CD0~CD4095	4096	9000~9FFF	36864~40959
	ETD	ETD0~ETD39	40	A000~A027	40960~40999
	HD	HD0~HD6143	6144	A080~B87F	41088~47231
	HSD	HSD0~HSD1023	1024	B880~BC7F	47232~48255
	HTD	HTD0~HTD1023	1024	BC80~C07F	48256~49279
	HCD	HCD0~HCD1023	1024	C080~C47F	49280~40303
	HSCD	HSCD0~HSCD39	40	C480~C4A7	50304~50343
	FD	FD0~FD8191	8192	C4C0~E4BF	50368~58559
	SFD	SFD0~SFD4095	4096	E4C0~F4BF	58560~62655
	FS	FS0~FS47	48	F4C0~F4EF	62656~62703

（3）Modbus 通信功能码　信捷以太网机型支持 Modbus 通信功能码见表 5-5。

表 5-5　Modbus 通信功能码

功能码	功能	功能描述
01H	读线圈指令	读取 0X 类型地址，最大数量 2000 个
02H	读输入线圈指令	读取 1X 类型地址，最大数量 2000 个
03H	读保持寄存器内容	读取 4X 类型地址，最大数量 120 个
04H	读输入寄存器指令	读取 3X 类型地址，最大数量 120 个
05H	写单个线圈指令	写单个 0X 类型地址
06H	写单个寄存器指令	写单个 4X 类型地址
0FH	写多个线圈指令	写 0X 类型地址，最大数量 2000 个
10H	写多个寄存器指令	写 4X 类型地址，最大数量 120 个

5. 自由格式通信协议

（1）自由格式的 TCP　基于以太网的自由通信分为两大类：TCP 和 UDP。以太网机型采用 TCP 方式通信时可以作为 TCP 客户端，也可以作为 TCP 服务端（TCP 服务器）。

1）作为 TCP 客户端，主动与 TCP 服务器建立 TCP 连接，并绑定套接字 ID。

2）作为 TCP 服务器，等待 TCP 客户端与之建立 TCP 连接，并绑定套接字 ID。

3）使用 UDP，监听指定的本机端口，并绑定套接字 ID。

基于以上 3 种形式，可以实现以太网上的自由通信。自由格式通信是以数据块的形式进行数据传送，受 PLC 缓存的限制，单次发送和接收的数据量最大为 1000 个字节。

（2）自由格式通信的关键参数　数据缓冲方式：8 位、16 位。

1）选择 8 位缓冲形式进行通信时，通信过程中寄存器的高字节是无效的，PLC 只利用寄存器的低字节进行发送和接收数据。

2）选择 16 位缓冲形式进行通信时，PLC 将接收的数据，先低字节再高字节储存；PLC 发送数据时，先发送低字节再发送高字节。

3）接收数据包长度大于设定接收长度时，数据按 16 位存储方式存储。

5.2　触摸屏编程软件的使用

5.2.1　触摸屏工程实例

1. 创建工程

1）打开编辑软件，单击工具栏 ▯ 图标或 "文件（F）" 菜单下 "新建（N）" 或使用快捷键<Ctr+N>，如图 5-60 所示。

2）选择正确的显示器型号，本实例选择 TGM765（S）-ET 系列，如图 5-61 所示。

3）设置 PLC 口，选择 "不使用 PLC 口"，如图 5-62 所示。

图 5-60　创建工程

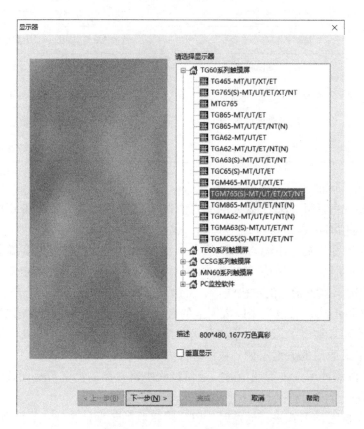

图 5-61　选择显示器型号

4）设置下载口，下载口不连接外部设备进行通信时，选择"不使用下载口"；下载口连接外部设备进行通信时，选择正确的设备类型并设置通信参数，然后单击"下一步（N）"，如图 5-63 所示。

5）单击"以太网设备"，设置当前组态触摸屏的 IP 地址，如图 5-64 所示。

6）右击"以太网设备"单击"新建"，添加 PLC 设备，名称默认即可，单击"确定"按钮，如图 5-65 所示。

7）单击"设备 1"，选择需要连接的 PLC 型号，配置所要连接 PLC 的 IP 地址和端口号（此处默认为 502，不可修改），单击"下一步"按钮，如图 5-66 所示。

8）修改工程名、作者及备注信息，单击"完成"按钮，新建工程流程结束，如图 5-67所示。

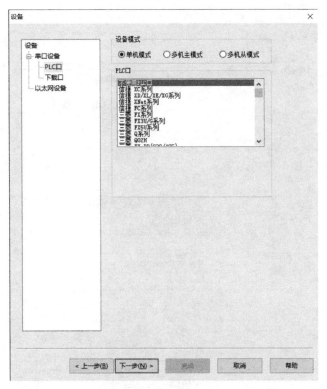

图 5-62 设置 PLC 口

图 5-63 设置下载口

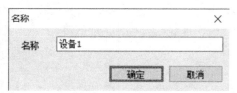

图 5-64　设置 IP 地址　　　　　　　　　　　　　　图 5-65　添加 PLC 设备

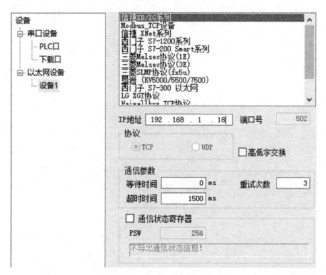

图 5-66　"设备 1"参数设置

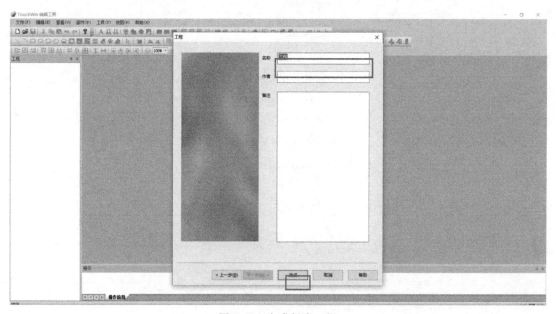

图 5-67　完成新建工程

2. 画面编辑

通过任务完成一个简单的功能，即使用按钮实现开关量 Y0 的取反操作，同时在人机界面上通过指示灯显示 Y0 的输出状态。画面编辑步骤如下：

（1）按钮制作

1）单击菜单栏"部件（P）"→"操作键（O）"→"按钮（B）"或部件栏"按钮"图标，在编辑画面上单击，弹出"按钮"属性对话框，如图 5-68、图 5-69 所示。"按钮"属性对话框包括对象、操作、按键、颜色和位置等选项卡。

图 5-68 "按钮"操作界面

2）将对话框切换到"对象"选项卡："对象"即为按钮的操作对象或者是操作数，数据来源的设备在此处有两个，分别是触摸屏本机内部寄存器和 PLC 设备，根据任务要求，操作对象为 Y0，其来自 PLC，因此设备需要选择"设备 1"，对象类型设为"Y"，地址设为"0"，如图 5-70 所示。

图 5-69 "按钮"属性对话框

图 5-70 "对象"选项卡参数设置

3）将对话框切换到"操作"：按钮操作设为"取反"，其含义是当按钮按下时，操作数的状态取反。即如果Y0当前状态为"ON"，按钮按下后Y0状态变为"OFF"；如果Y0当前状态为"OFF"，按钮按下后Y0状态变为"OFF"，如图5-71所示。

4）将对话框切换到"按键"：文字内容输入"取反操作"，此处"文字"复选框如果不勾选，将无法显示文字，如图5-72所示。

图5-71 "操作"选项卡参数设置   图5-72 "按键"选项卡参数设置

5）将对话框切换到"颜色"：选中文字颜色，将颜色改为绿色，如图5-73所示。

6）将对话框切换到"位置"：调整按钮的大小，将按钮的宽度修改为80，高度修改45。此处数值的单位为像素，如图5-74所示。

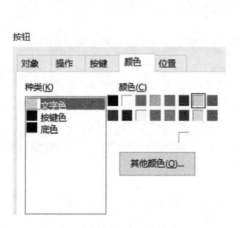

图5-73 "颜色"选项卡参数设置   图5-74 "位置"选项卡参数设置

7）完成后单击"确定"按钮完成按钮控件的创建，如图5-75所示。

（2）指示灯制作

1）单击菜单栏"部件（P）"→"操作键（O）"→"指示灯（L）"或部件栏"指示灯"图标，在编辑画面上单击，弹出"指示灯"属性对话框，如图5-76所示。

如图5-76所示，"指示灯"属性对话框包括对象、灯、闪烁、颜色和位置等选项卡。

2）将对话框切换到"对象"选项卡：对象类型设为"Y"，地址设为"0"，如图5-77所示。

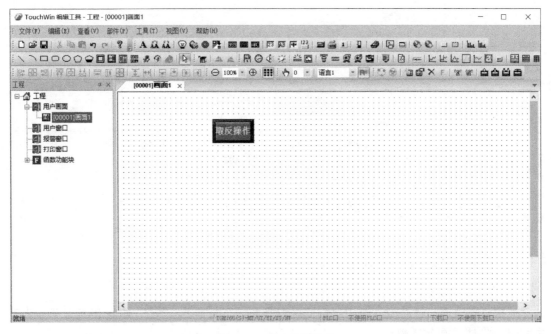

图 5-75　创建按钮控件

图 5-76　"指示灯"属性对话框

图 5-77　"对象"选项卡参数设置

3）将对话框切换到"灯"选项卡：分别设置其 ON 状态和 OFF 状态的外观显示，如图 5-78 所示。

图 5-78　"灯"选项卡参数设置

4）将对话框切换到"闪烁"选项卡：状态设置为"ON 状态闪烁"，速度设为"慢闪"，如图 5-79 所示。

图 5-79 "闪烁"选项卡参数设置

5）完成后单击"确定"按钮完成指示灯控件的创建。

3. 工程的离线模拟

所谓离线模拟，就是为方便用户调试编辑画面，在计算机上仿真 HMI 和 PLC 的实际操作情况，此时无须连接 PLC。

1）单击菜单栏"文件（F）"→"离线模拟（M）"或操作栏"离线模拟"图标，打开"离线模拟"窗口，如图 5-80 所示。

2）单击"取反操作"按钮，可以通过指示灯观察到 Y0 的输出状态，如图 5-81 所示。

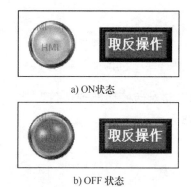

a) ON状态

b) OFF 状态

图 5-80 打开"离线模拟"窗口　　图 5-81 指示灯的输出状态

4. 工程的在线模拟

1）单击菜单栏"文件（F）"→"在线模拟（B）"或操作栏"在线模拟"图标，弹出对话框后，单击"确定"按钮进入模拟界面，如图 5-82 所示。

2）由于当前软件没有 USB 加密狗，会弹出"警告"对话框里，单击"确定"按钮即可，如图 5-83 所示。

图 5-82 "在线模拟"操作界面

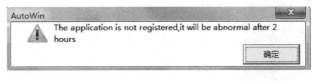

图 5-83 "警告"对话框

3）在模拟框处的画面空白处右击，在弹出对话框中选择"Com Port"，设置 PLC Port 为当前 PLC 连接到计算机上的串口，其他保持默认值，最后关闭 Com Port 对话框，如图 5-84、图 5-85 所示。

图 5-84 弹出对话框选择"Com Port"

4）完成上述操作后，再次在画面空白处右击，选择"Exit"退出当前在线模拟操作，然后重新打开在线模拟，即可实现计算机对 PLC 的监控功能，如图 5-86 所示。

图 5-85　Com Port 对话框

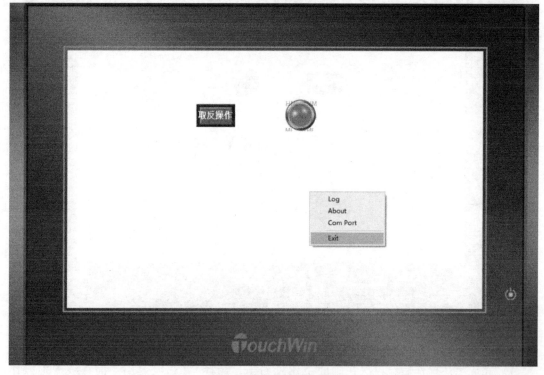

图 5-86　退出在线模拟

5. 工程的普通下载和完整下载

1）单击菜单栏"文件（F）"→"下载工程数据（D）"或操作栏"下载"图标 ，即可下载程序。这种下载方式，不具有上传功能，即人机界面中的程序无法上传到计算机上，如图 5-87、图 5-88 所示。

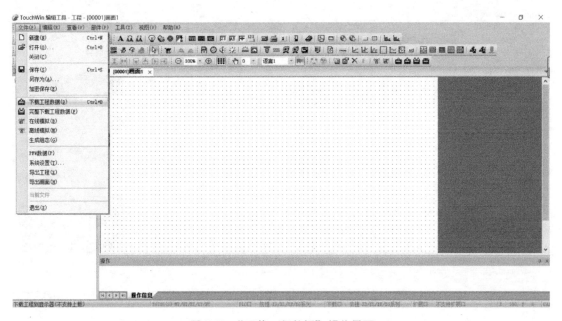

图 5-87　"下载工程数据"操作界面

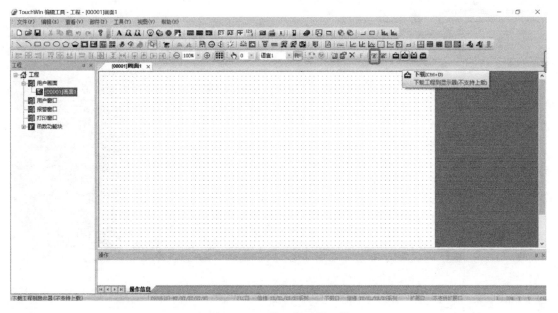

图 5-88　下载工程到显示器

2）单击菜单栏"文件（F）"→"完整下载工程数据（F）"或操作栏"完整下载"图标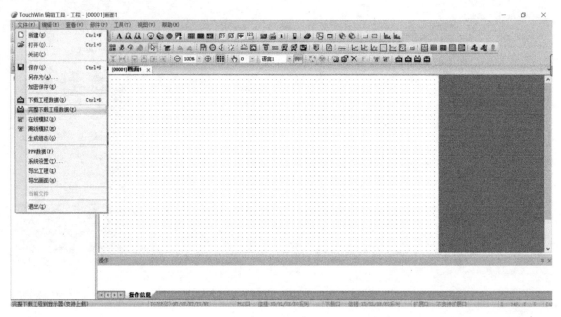，即可下载程序，如图 5-89、图 5-90 所示。这种下载方式，可以将人机界面中的程序上传到计算机上，也可以设定加密（密码请设置 2 位及以上数字）信息，以限制程序被上传的权限，如图 5-91 所示。

图 5-89 "完整下载工程数据"操作界面

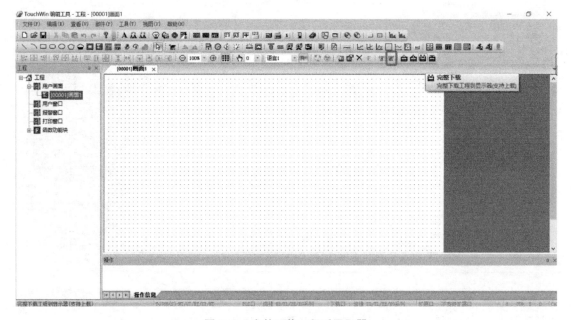

图 5-90 完整下载工程到显示器

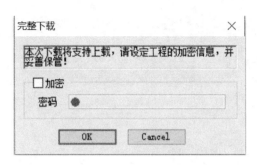

图 5-91　设置加密密码

6. 工程上传

单击操作栏"上载"图标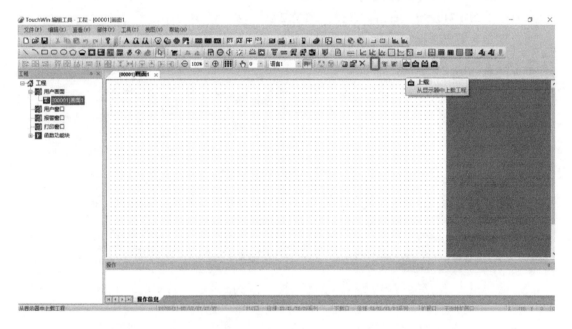（见图 5-92），进行工程上传，但此功能要在"完整下载"操作之后，才能生效；否则上传时提示"不存在工程"，如图 5-93 所示。

图 5-92　"上载工程"操作界面

不加密时，不需要输入密码，对所有用户均开放，如图 5-94 所示。

图 5-93　提示"不存在工程"

图 5-94　不加密

加密时，需要输入密码，限制用户上传程序的权限，如图 5-95 所示。

图 5-95　加密

5.2.2　TouchWin 软件的特殊功能

1. 多重复制

编程时，当遇到一个画面中需要 n 个地址累加的相同部件时，若一个个放置部件修改属性，其实是一个重复操作的过程。"批量复制"就可以一键完成，以"指示灯按钮"为例，在画面中放置 M0~M9 共 10 个指示灯按钮，具体操作步骤如下。

1）创建一个"指示灯按钮"，设置地址为 M0。

2）选中指示灯按钮，右击，选择"批量复制"，如图 5-96 所示。

3）如图 5-97 所示，在弹出的"批量复制"对话框中进行参数设置。

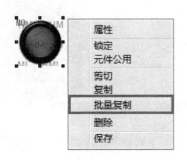

图 5-96　选择"批量复制"命令

图 5-97　"批量复制"对话框

行数：n 个指示灯按钮分布为 n 行显示。

列数：n 个指示灯按钮分布为 n 列显示。

行距：行与行之间的距离。

列距：列与列之间的距离。

水平增加：若 10 个按钮，分为 2 行 5 列，则地址排列为，第 1 行左起为 M0~M4；第 2 行左起为 M5~M9。

垂直增加：若 10 个按钮，分为 2 行 5 列，则地址排列为，第 1 行左起为 M0、M2、M4、M6、M8，第 2 行左起为 M1、M3、M5、M7、M9。

段数：有的设备类型，如欧姆龙 CP 系列，位地址由两个描述段组成，

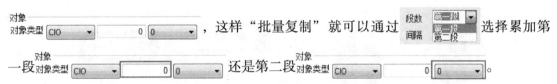

，这样"批量复制"就可以通过 段数 ⌐第一段⌐ 选择累加第
一段 对象 对象类型 CIO ⌐ 0 0 ⌐ 还是第二段 对象 对象类型 CIO ⌐ 0 0 ⌐ 。

间隔：地址间隔几个进行累加操作。

此处设置如图 5-98 所示。

图 5-98　"批量复制"参数设置

4）设置完成后，单击"确定"按钮，效果如图 5-99 所示。

图 5-99　批量复制效果

2. 快捷显示部件地址

当画面中部件很多，且需要查看某些部件的地址时，可以单击部件栏中的显示寄存器
图标。

选择"显示寄存器"前，画面如图 5-100 所示。

选择"显示寄存器"后，画面如图 5-101 所示，部件的左上角会有红色字体显示部件的
通信地址。

3. 字体整体设置

当画面中有很多文字串或指示灯按钮等带有文字标签的部件，文字需要统一改变字体、
大小时，单独去修改那么此时的工作量也很庞大。现在软件中新增"字体"设置快捷方式，

图 5-100 选择"显示寄存器"前的画面

图 5-101 选择"显示寄存器"后的画面

可以对当前页面所选中的元件进行字体的整体设置。具体操作步骤如下：

1）选中所有需要修改文字的部件（按住 Shift 键可选多个部件），示例如下：

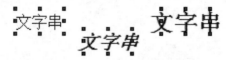

2）单击操作栏字体设置 **F** 图标。

3）在弹出的"字体"属性对话框中设置字体大小及字形，如图 5-102 所示。

图 5-102 "字体"属性对话框

4）设置完成后，文字字体、大小一致，效果如下：

文字串　　　文字串　　　文字串

4. 部件隐形

支持隐形功能的部件有：文字串、动态文字串、可变文字串、指示灯、按钮、指示灯按钮、数据显示、报警显示、字符显示、数据输入、字符输入、中文输入、设置数据、用户输入按钮、窗口按钮、配方上载、配方下载、功能键和时间按钮。

下面以指示灯按钮为例说明此功能。

1）创建一个"指示灯按钮"，地址设置为M00。指示灯按钮的"常规"选项中，勾选"显示控制"，设置相应的控制地址为M10，如图5-103所示。

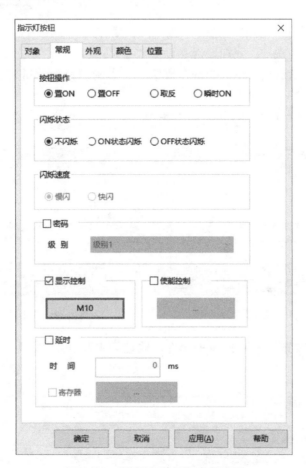

图5-103 "指示灯按钮"参数设置

2）在画面上再放置一个指示灯按钮，设置为M10的"取反"，如图5-104所示。

3）离线模拟，效果如图5-105所示。

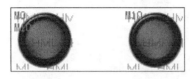

图5-104 另一个"指示灯按钮"

图5-105 离线模拟效果

M10=0时不显示，M10=1时显示。

5. 设置数据按钮

使用设置数据按钮，实现如下功能：画面中两个按钮，一个实现自加1，一个实现自减

1，数据范围在 0~5。具体操作步骤如下：

1）在编辑画面放置一个数据设置元件，如图 5-106 所示。

2）以信捷 PLC 为例，对象类型设置为 D0，数据类型设置为 Word。

图 5-106　数据设置按钮

3）"操作"属性中"功能"选择"加"，"操作数"即每次自加数据设为 1，分别勾选并设置"上限""下限"，可以设置常量，也可以选择寄存器给定。本例中设为常量，上限为 5，下限为 0，"按键"中文字设为"+1"，如图 5-107 所示。

4）同样步骤设置自减 1 的按键，如图 5-108 所示。

图 5-107　自加 1 按键参数设置

图 5-108　自减 1 按键参数设置

5）在编辑画面放置一个数据显示元件，地址为 D0，用于模拟运算结果，如图 5-109 所示。

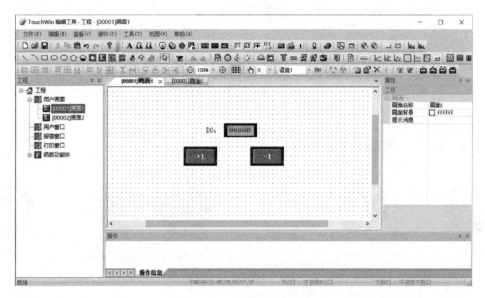

图 5-109　数据显示元件

6）设置完成后，下载到人机界面中，效果如下：当自加到 5 时，再按自加按键会一直停留在 5 状态，当自减到 0 时，再按自减按键会一直停留在 0 状态，如图 5-110 所示。

a)初始状态　　　　　　b)按下5次"+1"后　　　　　　c)再按下5次"-1"后

图 5-110　自加和自减按键

5.3　PLC 与四轴机器人的通信及控制

1. Modbus TCP 指令参数配置

（1）S_OPEN 通信指令配置

S_OPEN 指令是建立通信指令，当 PLC 与四轴机器人建立通信连接时，尽量关闭该指令，配置步骤如下：

1）如图 5-111 所示，打开信捷 PLC，添加 S_OPEN 通信指令。

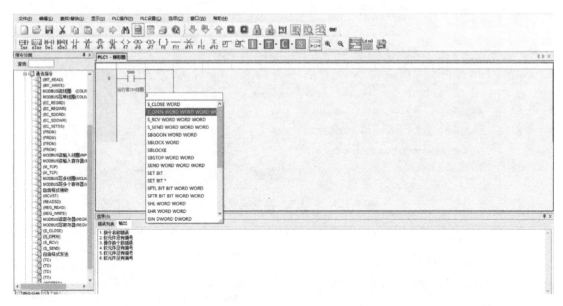

图 5-111　S_OPEN 通信指令添加

2）如图 5-112 所示，右击 S_OPEN 指令，选择"S_OPEN 指令参数配置"，对该指令进行配置。

3）指令配置对话框如图 5-113 所示，套接字 ID 为四轴机器人的地址，通信类型选择"Modbus TCP"通信，工作模式选择"客户端"；参数起始地址为存储通信参数的首地址（如错误码等信息），标志起始地址为存储通信状态的首地址，单击对话框右上角"?"，会出现四轴参数地址和标志地址的详细信息，如图 5-114 所示；目标设备 IP 为四轴机器人的

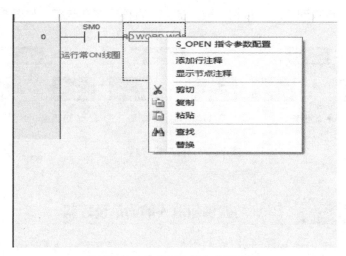

图 5-112　S_OPEN 指令参数配置

地址，目标端口填写 502。所有参数配置完成后，单击"写入 PLC"按钮，对 PLC 进行断电重启，参数即可生效。

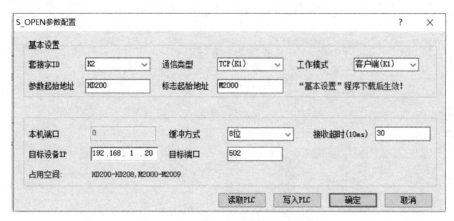

图 5-113　S_OPEN 参数配置对话框

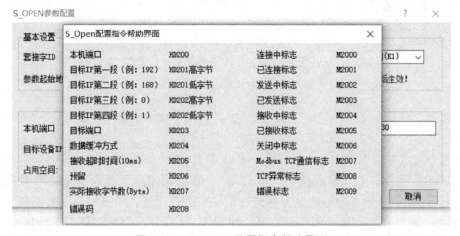

图 5-114　S_OPEN 配置指令帮助界面

（2）Modbus TCP 读写参数配置

1）配置读写通信参数，在通信指令中找到"M_TCP 指令参数配置"，进行添加，如图 5-115 所示。

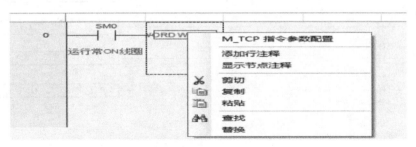

图 5-115　M_TCP 指令参数配置

2）图 5-116 所示为 Modbus TCP 指令读寄存器配置，即从机器人发送给 PLC 的信息，套接字必须和 S_OPEN 通信指令中的套接字匹配，本地首地址为存放机器人信息的第 1 个地址，功能码选择 0x03 读寄存器，数据地址为机器人中的通信地址，数量即为数据长度，该配置的意思是将机器人中 0x110 的值赋给 PLC 的 D250 寄存器。

图 5-116　M_TCP 指令读寄存器配置

3）图 5-117 所示为 Modbus TCP 指令写寄存器配置，即从 PLC 发送给机器人的信息，套接字必须和 S_OPEN 通信指令中的套接字匹配，本地首地址为 PLC 发送的第 1 个地址，功能码选择 0x10 写多个寄存器，数据地址为机器人中的通信地址，数量即为数据长度，该配置的意思是将 PLC 中 D200 的值赋给机器人中 0x100。

图 5-117　M_TCP 指令写寄存器配置

（3）Modbus TCP 通信程序　通信指令配置完成后，程序编写如图 5-118 所示。

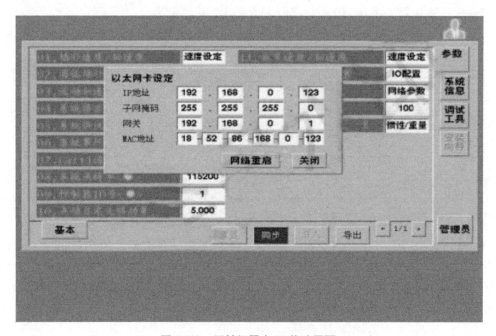

图 5-118　M_TCP 通信程序

2. 四轴机器人 IP 修改

打开四轴机器人示教器，进入参数设置画面，修改机器人的 IP 地址为 192.168.1.20，子网掩码为 255.255.255.0，机器人的网关地址一定和 PLC 的网关地址一样，否则通信不成功，设置完成后，重启机器人，如图 5-119 所示。

图 5-119　四轴机器人 IP 修改画面

5.4　PLC 与六轴机器人的通信及控制

在 PLC 与六轴机器人的通信网络中，我们将 PLC 用作客户端，六轴机器人作为服务器。本例中六轴机器人的 IP 地址为 192.168.1.12。

1. 与六轴机器人建立 TCP 连接

1）首先，我们需要使用 S_OPEN 通信指令，建立与六轴机器人的 TCP 连接。创建这个连接的方式有如下两种：

方式一：① 在梯形图编辑窗口中直接输入"S_OPEN"指令，如图 5-120 所示。

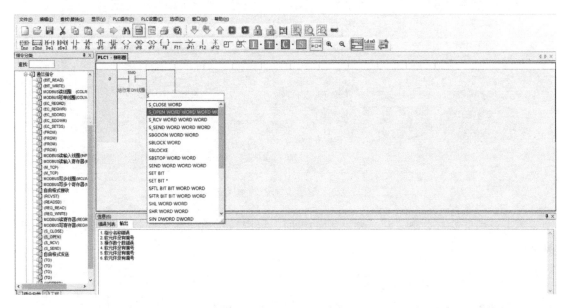

图 5-120　输入 S_OPEN 指令

② 右击 S_OPEN 指令，选择"S_OPEN 指令参数配置"，如图 5-121 所示。

方式二：可以通过工具栏"指令配置"中的"以太网连接配置"面板进行配置，如图 5-122 所示。

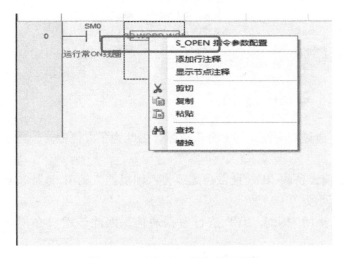

图 5-121　S_OPEN 指令参数配置

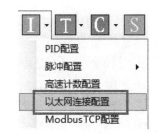

图 5-122　以太网连接配置

2）其次，对 S_OPEN 指令进行配置，如图 5-123 所示。

① 参数起始地址和标志起始地址：可以根据自己的编程习惯自主修改。需要注意的是，对话框中使用蓝色字体提示了其占用空间，在编程时要避免地址重复。

图 5-123　配置 S_OPEN 指令参数

单击对话框的右上角"?"，进入帮助界面，可以查看通信相关的数据地址，如图 5-124 所示。

图 5-124　帮助界面

当通信发生异常时，我们需要通过查询错误码来分析故障，因此为了方便检修，通常将错误码显示到触摸屏上。

② 目标设备 IP：是指目标通信设备的 IP 地址，在此即为六轴机器人的 IP 地址，必须要保证该 IP 地址与 PLC 处于同一网段。

③ 目标端口：因为此例中要使用 Modbus TCP 进行数据通信，因此该端口必须设置为 502。

④ 接收超时：是指从 PLC 产生接收数据请求到该动作终止的总时间，单位是 10ms。设置为 30 表示接收超时设置为 300ms，是指请求产生开始等待对方回应 300ms，成功接收数据后立即终止，超过 300ms 未能接收到有效数据，结束当前指令并报接收超时错误。设置为 0 表示不启用接收超时，连续接收数据。接收超时时间对 S_RCV 和 M_TCP 指令均有效。

> **注意:**
>
> 参数设置完成后,单击"写入PLC"按键,将PLC断电重启,参数才能生效。

2. 使用 M_TCP 指令读写数据

(1) M_TCP 指令的输入 M_TCP 指令的输入方式有如下两种:

方式一:1) 在梯形图编辑窗口中直接输入"M_TCP"指令,如图5-125所示。

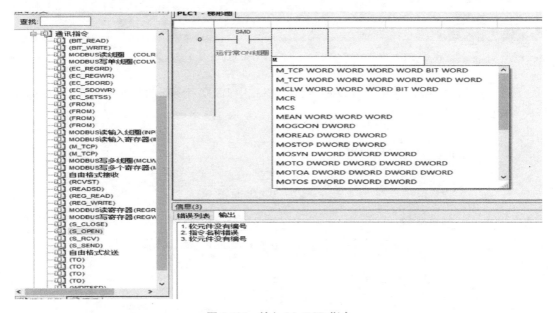

图 5-125 输入 M_TCP 指令

2) 右击 M_TCP 指令,选择"M_TCP 指令参数配置",如图5-126所示。

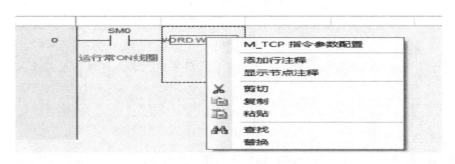

图 5-126 M_TCP 指令参数配置

方式二:通过工具栏"指令配置"中的"Modbus TCP 配置"面板进行配置,如图5-127所示。

(2) 读寄存器 如图5-128所示,读取机器人中40071~40076的共6个寄存器的值,存储在 PLC 的 D350~D355 寄存器中。

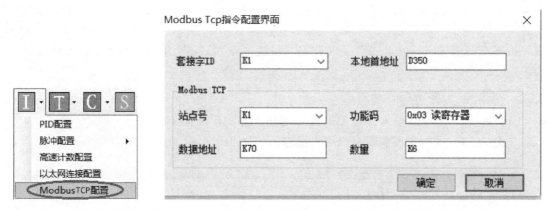

图 5-127　ModbusTCP 配置　　　　　　　　图 5-128　读寄存器

（3）写多个寄存器　如图 5-129 所示，将 PLC 中 D300~D305 的共 6 个寄存器值赋给机器人 40123~40128 的寄存器。

图 5-129　写多个寄存器

注意：

　　对于不同版本的机器人，数据地址有可能有所不同，需要与机器人厂家客服联系确认。

3. 关闭 TCP 连接

当通信任务终止时，需要使用"S_CLOSE"指令终止 TCP 连接，该指令无法单独使用，需要和 S_OPEN 指令配合使用。

S_CLOSE 指令的使用方法是在梯形图编辑区直接输入即可，例如：

S1 表示要关闭的 TCP 连接的套接字 ID，该指令执行后，基于此套接字 ID 的 M_TCP、S_SEND、S_RCV 指令将无法执行。

4. PLC 与六轴机器人通信实例程序

PLC 与六轴机器人通信实例程序如图 5-130 所示。

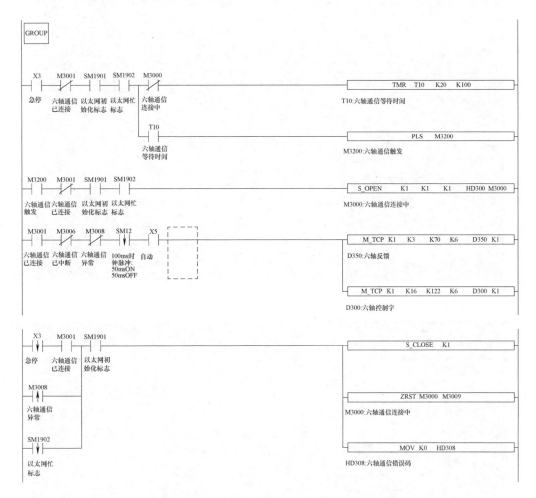

图 5-130　PLC 与六轴机器人通信实例程序

5. 在六轴机器人中查看和修改寄存器的值

实例程序中 PLC 作为客服端，六轴机器人作为服务器。在 PLC 中进行读写操作。可以通过如下方式检查通信情况。

1）在 PLC 监控表中，修改 D300 的值，观察机器人示教器 40123 中的值是否相应变化，可以判断 PLC 的写操作是否正常。如果 40123 中的值随 D300 的值发生变化，这说明写操作正常，否则通信不正常，如图 5-131 所示。

2）在机器人示教器上修改 40071 中的值，观察 PLC 监控表中 D350 值的变化，可以判断 PLC 的读操作是否正常，如图 5-132 所示。

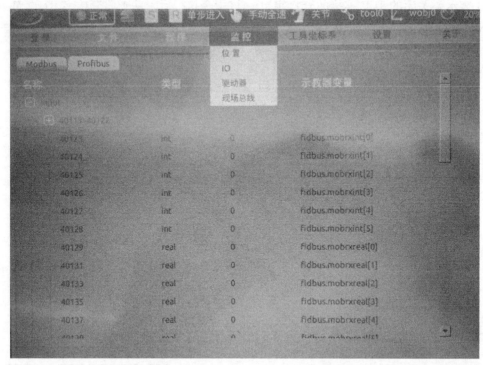

图 5-131　机器人中的输入数据寄存器

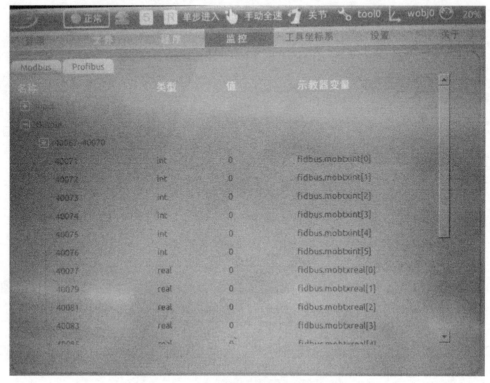

图 5-132　机器人中的输出数据寄存器

5.5　伺服电动机的通信及控制

5.5.1　伺服驱动器参数设定

1. 概述

伺服电动机是指在伺服系统中控制机械元件运转的电动机。伺服电动机转子转速受输入信号控制，并能快速反应，在自动控制系统中，用作执行元件，且具有机电时间常数小、线性度高等特性，可以把所接收到的电信号转换成电动机轴上的角位移或角速度输出。

如图 5-133 所示，伺服电动机的结构包括输出轴（传动轴）、法兰、框架及检测器（编码器）等。从外观上看，伺服电动机比普通电动机多了一个检测器（编码器）。

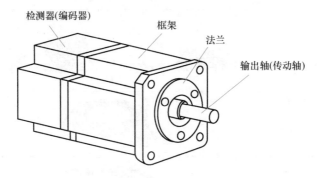

图 5-133　信捷 DS5E 系列伺服电动机的结构

伺服电动机正是通过传感器实时反馈电动机的运行状态，由控制芯片进行实时调节，形成闭环控制，准确控制电动机的转速、输出转矩、旋转角度。一般工业用的伺服电动机都是三环控制，即电流环、速度环、位置环，分别能反馈电动机运行的角加速度、角速度和旋转位置。芯片通过三者的反馈控制电动机各相的驱动电流，实现电动机的速度和位置都能够准确地按照预定值运行。

伺服电动机能保证只要负载在额定范围内，就能达到很高的精度，具体精度首先受制于编码器的码盘，与控制算法也有很大关系。与步进电动机原理结构不同的是，伺服电动机由于把控制电路放到了电动机的外部，电动机机内部分就是标准的直流电动机或交流异步电动机。一般情况下电动机的原始转矩是不够用的，往往需要配合减速机进行工作，可以使用减速齿轮组或行星减速器。伺服电动机常用于需要高精度定位的领域，比如机床、工业机械臂和机器人等。

常用的伺服系统由伺服电动机、伺服驱动器和连接线构成。DLDS-3717 工业机器人技术应用实训系统的伺服运动单元，选用信捷的伺服电动机（型号：MS5H-60STE-CM01330B-20P4-S01，功率 400W）以及伺服驱动器（型号：DS5E-20P4-PTA，供电电压 AC220V，功率 400W，见图 5-134）。

其中 DS5E 系列伺服驱动器所需配件见表 5-6。

 接口

| 脉冲 | RS232 | RS485 |

| SI输入4路 750W以上 | SO输出4路 750W以上 |

| SI输入3路 750W及以下 | SO输出3路 750W及以下 |

 控制方式

| 位置控制 | 速度控制 | 转矩控制 |

| 总线控制 |

图 5-134　DS5E 系列伺服驱动器

表 5-6　DS5E 系列伺服驱动器所需配件

配件名称	配件实物
快速接头	
DB9 侧线	
JC-CA 总线配线	
X-NET 配件	
动力线缆	
编码器线缆	
再生电阻	
差分模块	

注：绝对值电池盒也是该系列伺服驱动器所需配件，本表未列出。

2. 伺服运动单元接线（见图 5-135）

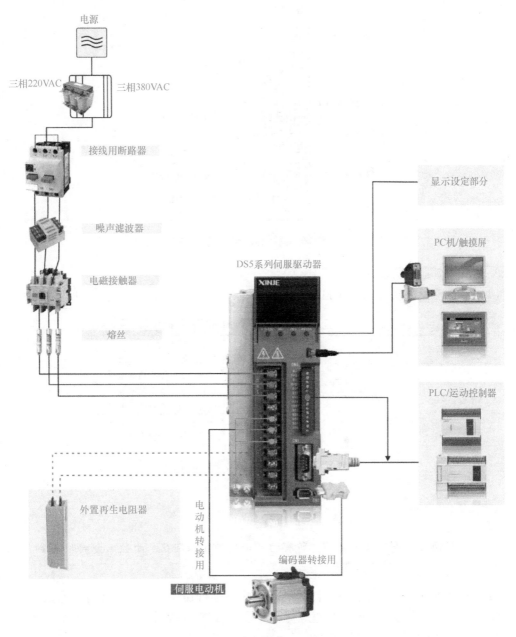

图 5-135　伺服运动单元接线

注意事项如下：

① 为了对接线和机器采取保护措施必须连接接线用断路器。

② 抑制电源线的噪声时使用噪声滤波器。

③ 用于发生警报等时切断伺服驱动器的电源。

④ 需配备外置再生电阻器时，请将 P+、D 短接片拿掉，并设置相关参数。

⑤ 显示设定部分进行监测和参数报警显示用按键进行参数设置、监视显示等。

伺服驱动器的基本结构如图 5-136 所示。

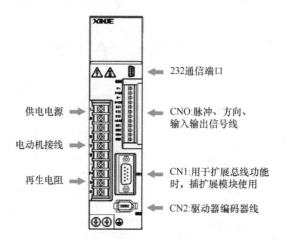

图 5-136 伺服驱动器的基本结构

3. 伺服驱动器参数设置

（1）操作面板说明（见图 5-137）

按键名称	操作说明
STA/ESC	短按：状态切换与状态返回
INC	短按：显示数据的递增
	长按：显示数据连续递增
DEC	短按：显示数据的递减
	长按：显示数据连续递减
ENTER	短按：移位
	长按：设定和查看参数

图 5-137 伺服驱动器操作面板介绍

注意：

通电后面板会进行自检操作，所有的显示数码管以及 5 个小数点会同时亮 1s。

（2）按键操作 通过对面板操作器的基本状态进行切换，可进行运行状态的显示、参数的设定、辅助功能运行、报警状态等操作。按 STA/ESC 键后，按状态、参数、监视、辅助、报警的顺序依次切换，如图 5-138 所示。

1）状态：bb 表示伺服系统处于空闲状态；run 表示伺服系统处于运行状态；rst 表示伺服系统需要重新上电。

2）参数设定：Px-xx：第一个 x 表示组号，后面两个 x 表示该组下的参数序号。

3）监视状态：Ux-xx：第一个 x 表示组号，后面两个 x 表示该组下的参数序号。

4）辅助功能：Fx-xx：第一个 x 表示组号，后面两个 x 表示该组下的参数序号。

5）报警状态：E-xxx：前两个 x 表示报警大类，最后一个 x 表示大类下的小类。

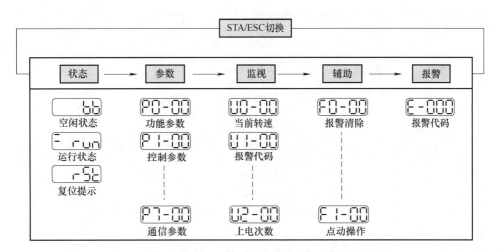

图 5-138　显示面板状态切换顺序

（3）参数设定举例　举例设置参数 P3-09 的内容由 2000 变更为 3000 时的操作步骤如图 5-139 所示。

步骤	面板显示	使用的按键	具体操作
1	⎡ ⎤ ⎣ bb ⎦	STA/ESC INC DEC ENTER ◎　　◎　◎　◎	无需任何操作
2	P0-00	STA/ESC INC DEC ENTER ◎　　◎　◎　◎	按一下STA/ESC键进入参数设置功能
3	P3-00	STA/ESC INC DEC ENTER ◎　　◎　◎　◎	按INC键，按一下就加1，将参数加到3，显示P3-00
4	P3-00	STA/ESC INC DEC ENTER ◎　　◎　◎　◎	短按(短时间按)一下ENTER键，面板的最后一个0会闪烁
5	P3-09	STA/ESC INC DEC ENTER ◎　　◎　◎　◎	按INC键，加到9
6	P3-09	STA/ESC INC DEC ENTER ◎　　◎　◎　◎	长按(长时间按) ENTER键，进入P3-09内部进行数值更改
7	3000	STA/ESC INC DEC ENTER ◎　　◎　◎　◎	按 INC、DEC、ENTER 键进行加减和移位，更改完之后，长时间按ENTER确认
8	操作结束		

图 5-139　操作步骤

注意：
　　当设置参数超过可以设定的范围时，驱动器不会接受该设定值，并且驱动器会报 E-021（参数设置超限）。参数设置超限一般发生在上位机通过通信向驱动器写入参数的时候。

（4）DLDS-3717 工业机器人技术应用实训系统伺服参数设定（见表5-7）

表 5-7　伺服驱动器参数设定

参数	默认值	设置值	内容	PLC 地址
P0-01	0006	5	1—转矩控制（内部设定） 3—速度控制（内部设定速度） 5—位置控制（内部位置指令） 6—位置控制（外部脉冲列指令） 7—速度控制（脉冲列频率指令） 8—总线转矩模式 9—总线速度模式 10—总线位置模式	手动设定
P0-05	0000	0、1	正反转设定	默认
P0-09	0001	0	正常使用绝对值编码器	手动设定
P0-11	0000	0	设定电动机每转脉冲数×1	
P0-12	0001	10	设定电动机每转脉冲数×10000	
P0-33	0000	50C4	根据电动机铭牌上的代码进行设置	
P4-03	0000	71	多段速相对定位模式	
P4-04	0000	1	有效段数	
P4-10			第一段脉冲设定×1	H40A（低位）
P4-11			第一段脉冲设定×10000	H40B（高位）
P4-12			第一段速度	H40C
P4-13			加速时间 ms	H40D
P4-14			减速时间 ms	H40E
P5-20		H10	伺服 ON 信号	H514
P5-35		H10	启停信号（上升沿）	H523
P7-00	0001	4	485 站号	手动设定
P7-01	2206	220E	512000 偶校验　1 停止位	
F0-00	0000	1	清除报警	需要时设定
F0-01	0000	1	恢复出厂设置	
F1-00			点动（JOG 模式）	
F1-06	0000	3	绝对值编码器圈数清零	H2106
U0-94~97			通信编码器多圈数据（4 个寄存器）	H105E（返回值）
P3-28	0300	30	内部正转转矩限制	手动设定
P3-29	0300	30	手动设定	
U0-07	实时变化		转矩反馈	H1007（返回值）
P0-74	3000	50	堵转报警时间	手动设定
P0-75	0050	10	堵转报警速度	

> **注意：**
> 在进行参数设置前，建议先关闭使能，设置 F0-01＝1，按 ENTER 键确认后，驱动器恢复到出厂设置，操作完成后不需要断电，然后再按照表 5-7 逐一进行参数设定。

5.5.2 PLC 与伺服系统的通信及控制

如图 5-140 所示，PLC 与伺服驱动器接线时采用 RS485 协议连接，PLC 的通信端口连接到伺服驱动器的 CN1 上：CN1 的 2#引脚接 PLC 的 A；CN1 的 3#引脚接 PLC 的 B，PLC 的端口号为 COM2。

图 5-140　PLC 与伺服驱动器接线

> **注意：**
> 若引脚线连接错误，则通信无法进行。

1. 配置 PLC 串口的 Modbus 通信参数

建立 PLC 与伺服系统的通信，首先是在 PLC 编程软件中创建一个新工程，然后按如下步骤配置 PLC 串口的 Modbus 通信参数。

1）选择菜单栏中的"PLC 设置"，打开 PLC 串口设置对话框，选择"PLC 串口设置"，如图 5-141 所示。

图 5-141　PLC 设置

2）单击"添加"下拉菜单，选择"Modbus 通信"，如图 5-142 所示。

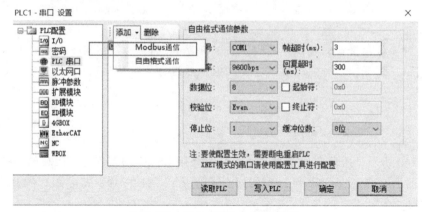

图 5-142　添加 Modbus 通信协议

3）逐一设置 Modbus 通信参数，如图 5-143 所示。

图 5-143　Modbus 通信参数设置

① 端口号：修改为 COM2，如图 5-144 所示。

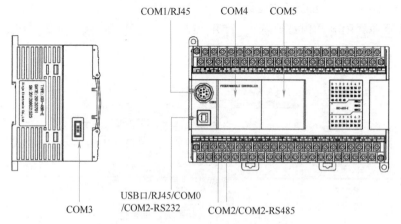

图 5-144　XD 系列 PLC 端口位置分布

注：XD5E、XDME 的输出端子排最左侧是 RS232 口。

② 站号：设置与伺服参数 P7-00 设置的站号一致。

③ 模式：RTU 模式。

④ 波特率：512000bit/s。

⑤ 校验位：Even（偶校验）。

⑥ 停止位：1 位。

⑦ 其他参数：默认。

> **注意：**
>
> 波特率、校验位、停止位的设置与伺服参数 P7-01 一致，该参数被设置为 220E。

2. PLC 通信指令

（1）通信的几个基本概念　在开始介绍通信指令之前，我们需要了解一些关于通信的概念。

1）远端通信局号：指与 PLC 所连接下位机的串口站号。

例如：PLC 连接了 3 台伺服驱动器，要通过通信来读写参数，此时将伺服驱动器的站号（P7-00 参数）设置成 1，2，3，即伺服驱动器为下位机，PLC 为上位机，且下位机的远端通信局号分别为 1，2，3（下位机站号和上位机站号可设置成相同）。

2）远端线圈/寄存器首地址编号：指 PLC 对下位机进行读写操作时的第一个线圈/寄存器地址，一般结合"指定线圈/寄存器个数"一起使用。

例如：PLC 要读一台信捷伺服驱动器的输出频率（H2103）、输出电流（H2104）、母线电压（H2105）等 3 个寄存器的数值，则远端寄存器首地址为 H2103，指定寄存器个数为 K3。

3）本地接收/发送线圈/寄存器地址：PLC 中需要与下位机中进行数据交换的线圈/寄存器。

例如，写线圈 M0：将 M0 的状态写到下位机指定地址。

　　　　写寄存器 D0：将 D0 的值写到下位机指定地址。

　　　　读线圈 M1：将下位机指定地址中的内容读到 M1，即存放在 M1 中。

　　　　读寄存器 D1：将下位机指定寄存器内容读到 D1，即存放在 D1 中。

4）通信条件：Modbus 通信的前置条件可以是常开/常闭线圈和上升/下降沿。常开/常闭线圈触发时，会一直执行 Modbus 指令，当对多个从站进行通信或者通信量较大时，可能会出现通信滞缓的现象，这时可以采用振荡线圈作为触发条件；上升/下降沿触发时，Modbus 指令只执行一次，只有下一次上升/下降沿来临时，才会再次执行 Modbus 指令。

（2）常用的通信指令

1）寄存器读［REGR］　将指定局号指定寄存器读到本机内指定寄存器。具体用法如下：

① S1：用于指定远端通信局号。

② S2：用于指定远端寄存器的首地址编号。

③ S3：用于指定寄存器个数的数值。

④ D1：用于指定本地接收寄存器的首地址编号。

⑤ D2：用于指定串口编号。

例如：
```
REGR K1 H105E K4 D412 K2
```

该指令是指将站号为 1 的下位机中首地址为 H105E 的 4 个寄存器的数据读取到 PLC 的 D412、D413、D414、D415 中，使用串口 COM2 通信。

2）单个寄存器写［REGW］ 将本机内的单个寄存器写到指定局号指定寄存器。具体用法如下：

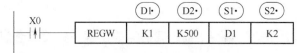

① D1：用于指定远端通信局号的数值。

② D2：用于指定远端寄存器的首地址编号。

③ S1：用于指定本地发送寄存器的首地址编号。

④ S2：用于指定串口编号。

例如：
```
REGW K1  H523  D420  K2
```

该指令是指将上位机中 D420 的数值写入站号为 1 的下位机首地址为 H523 的寄存器中，使用串口 COM2 通信。

3）多个寄存器写［MRGW］ 将本机内的多个寄存器写到指定局号指定寄存器。具体用法如下：

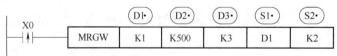

① D1：用指定远端通信局号。

② D2：用指定远端寄存器的首地址编号。

③ D3：用指定寄存器个数的数值。

④ S1：用指定本地发送寄存器的首地址编号。

⑤ S2：用指定串口编号。

例如：
```
MRGW  K1 H40A K5 D402 K2
```

该指令是指将上位机中首地址为 D402 的 5 个寄存器的数值写入站号为 1 的下位机首地址为 H40A 的 5 个寄存器中，使用串口 COM2 通信。

3. PLC 与伺服系统通信

（1）PLC 与伺服系统通信程序 在信捷 XD 系列 PLC 中，Modbus 指令的处理方式较为简单，用户可以在用户程序中直接书写 Modbus 指令，协议栈会对 Modbus 通信请求进行排队处理，与通信不是同一个任务；即在主程序中客户可以将多条 Modbus 通信指令写在一起，通过同一个触发条件同时对它们进行触发，PLC 会对这些通信指令根据协议栈对它们进行

Modbus 通信请求进行排队处理，不会导致多条通信指令同时执行时会发生通信错误的问题。

PLC 与伺服系统通信的梯形图如图 5-145 所示。

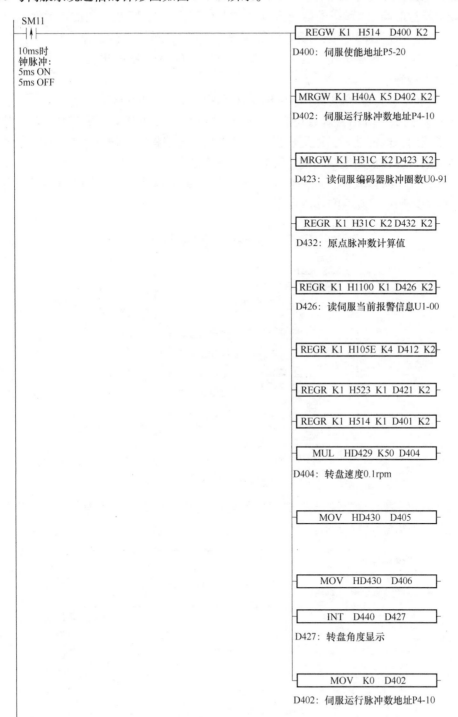

图 5-145 PLC 与伺服系统通信的梯形图

（2）转盘的角度显示 使用 REGR K1 H105E K4 D412 K2 指令，我们读取到了伺服电动机的编码值，该数值存放在以 D412 开始的 4 个连续的寄存器中，数值为 DWord 型，首先需要将该数值转换为浮点数才能进行下一步的计算。计算公式如下：

电动机转过的圈数＝编码器返回值/131 072（131 072 是 17 位编码的最大值）
转盘圈数＝电动机转过的圈数/50（50 是减速机的减速比）
转盘实际角度＝转盘圈数×360（360 是一圈的角度）

因此可以得到：

转盘实际角度＝编码器返回值/131 072/50×360

信捷 PLC 提供了 C 语言函数功能，利用 C 语言来编写功能块，编辑好的功能块可以在程序中随意调用，保密性好，适用性强，同时也减小了编程的工作量。本例中，我们使用 C 语言功能块来计算转盘的实际角度。具体操作步骤如下：

1）打开 PLC 编辑软件，在左侧的"工程"工具栏内选择"函数功能块"，右击选择"添加新函数功能块"，如图 5-146 所示。

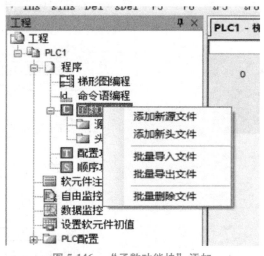

图 5-146　"函数功能块"添加

2）在函数创建对话框中输入功能块的名称及其他信息，本例默认"FUNC1"，单击"确定"按钮，如图 5-147 所示。

图 5-147　功能块名称输入

3）编辑源文件并计算转盘角度，如图5-148所示。

```
PLC1 - 梯形图  源文件-FUNC1
信息  导出  编译
1     /*********************************************************
2         FunctionBlockName:   FUNC1
3         Version:             1.0.0
4         Author:
5         UpdateTime:          2019/3/30 17:56:00
6         Comment:
7
8     *********************************************************/
9     void FUNC1( WORD W , BIT B )
10    {
11        int i,k;
12        float j;
13        #define SysRegAddr_HD_HM_HSD_HSCD_SFD_SSD_D_SD_SM_M_X_SSFD_TD
14        j=DW[412];// 转盘相对于零点位置的脉冲数
15        FW[440]=j*360/131072/50;// 转盘现在位置的角度计算
16    }
17
```

图 5-148 转盘角度计算源文件

4）在梯形图中调用功能块，具体方法是：在梯形图中直接输入"FUNC1 D0 M0"。

```
─┤       FUNC1  D0   M0       ├─
```

其中，FUNC1为函数功能块的名称。D0为表示函数中 W[0] 为 D0，W[1] 为 D1，依此类推，W[412] 为 D412，W[440] 为 D440。M0 为表示函数中 B[0] 为 M0，B[1] 为 M1 依此类推。

如果梯形图调用如下功能块：
```
┤    FUNC1  D100   M100    ├
```

D100 表示函数中 W[0] 为 D100，W[1] 为 D101，依此类推，W[412] 为 D512，W[440] 为 D540。M100 表示函数中 B[0] 为 M100，B[1] 为 M101，依此类推。

注意：
调用函数功能块时，有可能造成地址重复使用，要特别小心。

5.6 自动引导车（AGV）的通信及控制

1. 自动引导车（AGV）

（1）设备概述 移动输送系统即AGV是Automated Guided Vehicle的缩写，意即"自动导引运输车"，是指装备有电磁或光学等自动导引装置，能够按照规定的导引路径行驶，具有安全保护以及各种移载功能的运输车，工业应用中不需驾驶人的搬运车，以可充电蓄电池为其动力来源。一般可通过计算机来控制其行进路线以及行为，或利用电磁轨道来设立其行进路线，电磁轨道粘贴在地板上，无人搬运车则依循电磁轨道所带来的信息进行移动与动作。

（2）移动输送系统 AGV 的优点

1）自动化程度高。由计算机、电控设备、激光反射板等控制。当车间某一环节需要辅料时，由工作人员向计算机终端输入相关信息，计算机终端再将信息发送到中央控制室，由专业的技术人员向计算机发出指令，在电控设备的合作下，这一指令最终被移动输送系统接收并执行——将辅料送至相应地点。

2）充电自动化。当移动输送系统小车的电量即将耗尽时，它会向系统发出请求充电指令，在系统允许后自动到充电的地方"排队"充电。另外，移动输送系统小车的电池寿命和采用电池的类型与技术有关。使用锂电池，其充放电次数到达 500 次时仍然可以保持 80% 的电能存储。

3）方便且减少占地面积。生产车间的移动输送系统小车可以在各个车间穿梭往复使用。

（3）移动输送系统 AGV 的导引方式　移动输送系统之所以能够实现无人驾驶，导航和导引对其起到了至关重要的作用，随着科学技术的发展，能够用于移动输送系统的导航/导引技术主要有以下几种：

1）直接坐标：用定位块将移动输送系统的行驶区域分成若干坐标小区域，通过对小区域的计数实现导引，一般有光电式（将坐标小区域以两种颜色划分，通过光电器件计数）和电磁式（将坐标小区域以金属块或磁块划分，通过电磁感应器件计数）两种形式，其优点是可以实现路径的修改，导引的可靠性好，对环境无特别要求。它的缺点是地面测量安装复杂，工作量大，导引精度和定位精度较低，且无法满足复杂路径的要求。

2）电磁导引：电磁导引是较为传统的导引方式之一，仍被许多系统采用，它是在移动输送系统的行驶路径上埋设金属线，并在金属线上加载导引频率，通过对导引频率的识别来实现移动输送系统的导引。其主要优点是引线隐蔽，不易污染和破损，导引原理简单而可靠，便于控制和通信，对声光无干扰，制造成本较低。它的缺点是路径难以更改或扩展，对复杂路径的局限性大。

3）磁带导引：磁带导航原理是磁带导航技术与电磁导航相近，不同之处在于采用了在路面上粘贴磁带替代在地面下埋设金属线，通过磁带感应信号实现导引。设备移动输送系统采用磁带导引。移动输送系统在操作台上完成预定指令任务将零件运送至待装配工位，移动输送系统借助磁条、RFID 地标卡等进行导航位置识别。

4）光学导引：在移动输送系统的行驶路径上涂漆或粘贴色带，通过对摄像机采入的色带图像信号进行简单处理而实现导引，其灵活性比较好，地面路线设置简单易行，但对色带的污染和机械磨损十分敏感，对环境要求过高，导引可靠性较差，精度较低。

5）激光导航：激光导引是在移动输送系统行驶路径的周围安装位置精确的激光反射板，移动输送系统通过激光扫描器发射激光束，同时采集由反射板反射的激光束来确定其当前的位置和航向，并通过连续的三角几何运算来实现移动输送系统的导引。其最大优点是移动输送系统定位精确；地面无须其他定位设施；行驶路径可灵活多变，能够适合多种现场环境，它是国外许多移动输送系统生产厂家优先采用的先进导引方式。它的缺点是制造成本高，对环境要求较苛刻（外界光线、地面要求、能见度要求等），不适合室外（尤其是易受雨、雪、雾的影响）。

6）惯性导航：惯性导航是在移动输送系统上安装陀螺仪，在行驶区域的地面上安装定位块，移动输送系统可通过对陀螺仪偏差信号（角速率）的计算及地面定位块信号的采集来确定自身的位置和航向,从而实现导引。其主要优点是技术先进,较之有线导引,地面处理工作量小,路径灵活性强。它的缺点是制造成本较高,导引的精度和可靠性与陀螺仪的制造精度及其后续信号处理密切相关。

7)视觉导航:视觉导航是在移动输送系统的行驶路径上涂刷与地面颜色反差大的油漆或粘贴颜色反差大的色带,在移动输送系统上安装有图像传感器将不断拍摄的图片与存储图片进行对比,偏移量信号输出给驱动控制系统,控制系统经过计算纠正移动输送系统的行走方向,实现移动输送系统的导航。其优点是移动输送系统定位精确,视觉导航灵活性比较好,改变或扩充路径也较容易,路径铺设也相对简单,导引原理同样简单而可靠,便于控制通信,对声光无干扰,投资成本比激光导航同样低很多,但比磁带导航稍贵。它的缺点是路径同样需要维护,不过维护也较简单方便,成本也较低。

8)全球定位系统(GPS)导航:通过卫星对非固定路面系统中的控制对象进行跟踪和制导,此项技术还在发展和完善,通常用于室外远距离的跟踪和制导,其精度取决于卫星在空中的固定精度和数量,以及控制对象周围环境等因素。

(4)设备移动输送系统的应用

1)工位说明。如图5-149所示,1~3#工位为原料区,4#工位为机械手待装配工位,初始工位为移动输送系统上电初始位置。

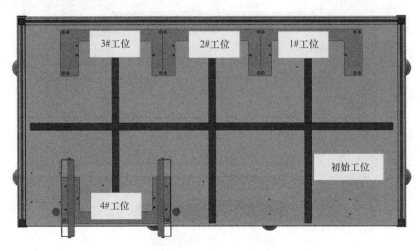

图 5-149 工位示意图

2)网络配置。恢复出厂设置,在通电的情况下常按10s左右,松开可恢复出厂设置。网络配置与连接步骤如下:

① 首先连接AGV通信模块无线网(AGV通信模块为USR-W600(IP:192.168.1.39),PLC通信模块为USR-W610(IP:192.168.1.139)。

② 通信连接完成后打开网页,输入IP:10.10.100.254,输入用户名:admin,密码:admin,进入配置界面,如图5-150所示。

3)USR-W600模块参数设置。

① WiFi参数配置如图5-151所示。

模式选择:STA模式。

图 5-150　进入配置界面

图 5-151　WiFi 参数配置

网络名称：选择需要连接的无线路由器名称，如 DOLANG4。

输入无线路由器密码，如 123456789。

密码：

DHCP 自动获取 IP：选择 Disable。

输入模块的 IP 地址和子网掩码与网关。

② 透传参数设置如图 5-152 所示。参数设置完成后，保存后重启模块重新上电，查看 LINK 指示灯，确定模块是否连接无线路由器，如果指示灯亮，表明连接成功；如果不亮，则需要重新配置或查看无线路由器。

4）USR-W610 模块参数设置。

① 模式选择配置如图 5-153 所示。

图 5-152　透传参数设置

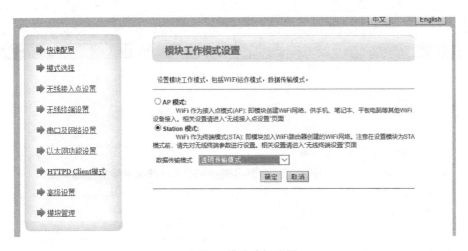

图 5-153　模式选择配置

② 无线终端设置如图 5-154 所示。网络名称搜索，选择无线路由器名称。输入无线路由器密码。模块 IP 设置，选择固定 IP。输入模块的 IP 地址和子网掩码与网关。

③ 串口及网络设置如图 5-155 所示。

参数设置完成后，选择模块管理-重启模块，重新上电后观察模块 LINK 指示灯，如果指示灯亮，则表示模块与无线路由器通信连接配置成功；如果指示灯不亮，则需要重新配置或查看无线路由器。

5）操作流程。检查设备按键及其完整性，顶升部件上下有无杂物，初次上电前还要检查熔体完整性，上电时检查移动输送系统是否在指定初始位置。移动输送系统与 PLC 建立链接后就可以相互发送指令。它们之间的常用控制命令见表 5-8。

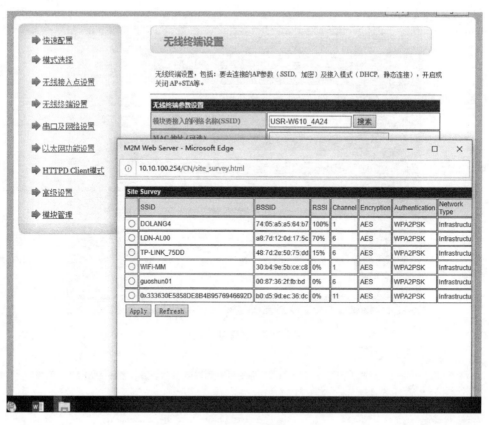

a）选择无线路由器

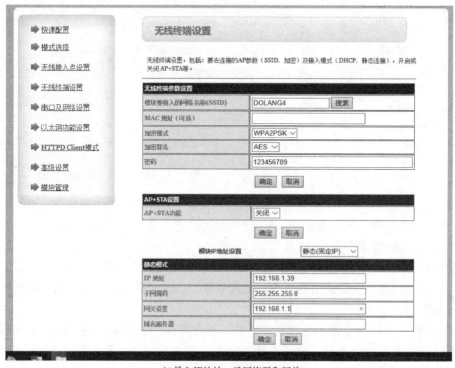

b）输入IP地址、子网掩码和网关

图5-154　无线终端设置

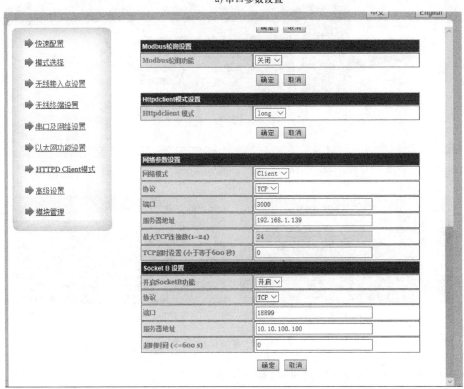

a) 串口参数设置

b) 网络参数设置

图 5-155　串口及网络设置

表 5-8　它们之间的常用控制命令

仓库号	PLC 发送指令	AGV 反馈位置	数据类型
1#	1	1	
2#	2	2	
3#	3	3	16 进制
4#	4	14/24/34	

6）充电管理。当电池电压低于 10V 以下，应该立即给电池充电，充电时应使用移动输送系统自带专用充电器。充电过程中，切勿改动充电器参数。当电池电压下降到 11.5V 时即可充电，充电限时 120min，充电到达时限时，Li3S 会变成闪烁 TIME，若到达时限电池未充满，充电器重新上电，电池满电后 Li3S 会变成闪烁 FULL，电池充满后拔掉充电器，电池放电不可以长时间低至 10V 以下，长时间过放电会降低电池的使用寿命。充电步骤如下：

① 充电器上电前，先将电池如图 5-156 所示插好。

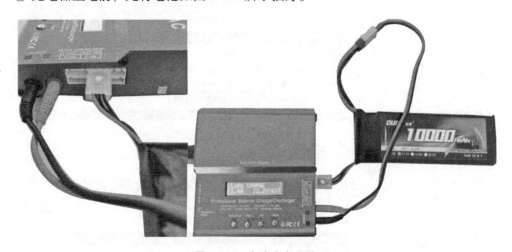

图 5-156　电池充电连接

② 电池标称是锂电池 11.1V（3S），选择充电电流 2A，若充电器上电显示 22.2V（6S），则按<Inc>键，直到出现 2.0A 11.1V（3S）画面，如图 5-157 所示。

a) 按<Inc>键

b) 出现2.0A 11.1V(3S)

图 5-157　电池电源调整

③ 长按<Start>键，显示如图 5-158a 所示界面，直到听到"滴"一声，出现如图 5-158b 所示界面，松开<Start>键。

a) 长按<Start>键

b) 松开<Start>键

图 5-158　长按<Start>键

④ 再按<Start>键，进行确认充电，如图 5-159 所示界面，已经开始充电。

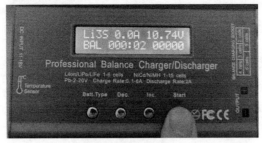

图 5-159　确认充电

2. PLC 与移动输送系统的通信及控制

（1）串口配置

1）新建工程完成后，单击菜单栏中的"PLC 设置"，选择"PLC 串口设置"，如图 5-160 所示。

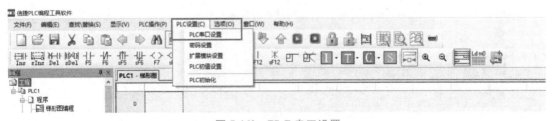

图 5-160　PLC 串口设置

2）选中"PLC 串口"，单击"添加"→"自由格式通信"，如图 5-161 所示。

3）选择 COM1 口，配置如图 5-162 所示，单击"写入 PLC"按钮，断电重启生效。

（2）传输数据设置

1）单击"配置功能块"，选择"自由通信配置"，如图 5-163 所示。

2）配置发送数据，选择 COM1 口，首地址为 D500，单击"添加"，选择"软元件"，数据长度为 2，单击"确定"按钮，如图 5-164 所示。

3）配置接收数据，方式参考发送数据配置，如图 5-165 所示。

（3）AGV 与 PLC 通信程序　调用自由格式通信模块如图 5-166 所示。其中 D500 存储小车速度。将需要给 AGV 小车发送的指令放到 D500 后的 2 个字节的存储器里，AGV 反馈给 PLC 的指令存储到 D550 开始的 2 个字节的存储器里。

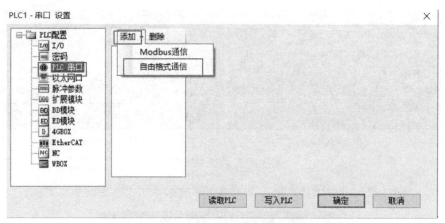

图 5-161　PLC 自由格式通信

图 5-162　自由格式通信参数配置

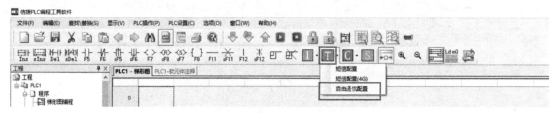

图 5-163　自由通信配置

图 5-164　发送数据设置

图 5-165　接收数据设置

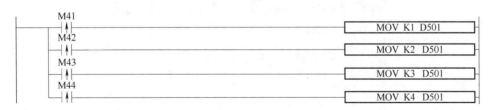

图 5-166　AGV 与 PLC 通信程序

AGV 运行程序如图 5-167 所示。

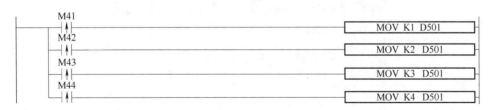

图 5-167　AGV 运行程序

5.7　视觉相机

5.7.1　VisionMaster 算法平台与基本操作

1. 网络设置

相机使用前需要配置相机 IP 和本地计算机 IP 处于同一网段，可以在本地计算机上使用 Ping 命令检测网络连通性，以确保网络通信正常。

（1）相机网络参数设置　在客户端安装目录下找到并打开 MVS IP Configurator. exe 工具，或在客户端软件菜单栏的工具下启动 IP 配置工具。可以实现如下功能：

1）检测设备所处的状态。

2）为检测到的设备配置有效的 IP 地址。

3）将 IP 地址保存到相机的静态存储器中，如图 5-168 所示。

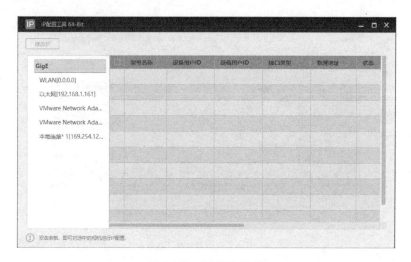

图 5-168　视觉 IP 配置

（2）本地网络配置

1）依次打开计算机上的"控制面板"→"网络和 Internet"→网络和共享中心→更改适配器配置，选择对应的网卡，将网卡配置成"自动获得 IP 地址"或手动分配与相机处于同一网段的 IP 地址，如图 5-169 所示。

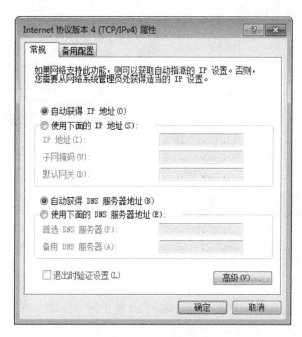

图 5-169　计算机 IP 配置

2）依次单击控制面板→硬件和声音→设备管理器→网络适配器，选中对应的网卡，打开属性中的"高级"选项卡，本地网卡大型数据帧设置为 9014 字节，传输缓冲区和接收缓冲区均设置为 2048，中断节流率设置为极值，如图 5-170 所示。

（3）设置与操作　打开客户端软件，连接上相机后单击 GigE 刷新，待找到相机后，即

图 5-170 网卡设置

可对相机参数进行设置，如图 5-171 所示。

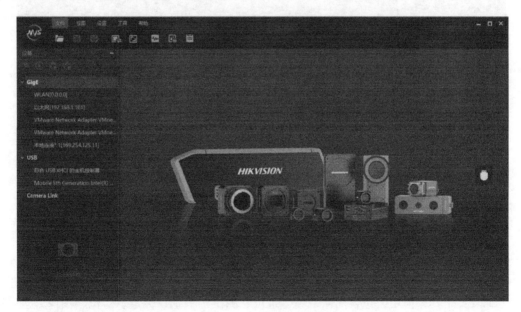

图 5-171 相机参数设置

2. 算法平台的安装与介绍

打开软件，如图 5-172 所示。方案类型选择：包含"通用方案、定位测量、缺陷检测和用于识别"4 个模块，其中通用方案包含后 3 个模块，用户可根据所需方案编辑类型进行选择。

最近打开方案：最近打开的方案记录，可快速打开最近打开的方案；不再显示：勾选后打开软件直接进入主界面。

图 5-172　软件首页

（1）主界面　在方案类型选择中选择任一模块即可进入软件主界面，如图 5-173 所示。

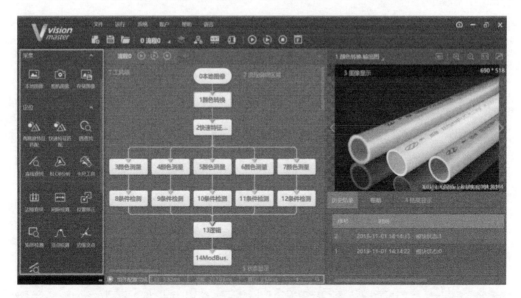

图 5-173　主界面

区域 1：工具箱模块，包含图像采集、定位、测量、识别、标定、对位、图像处理、颜色处理、缺陷检测、逻辑工具和通信等功能模块。

区域 2：流程编辑模块。

区域 3：图像显示模块。

区域 4：结果显示模块，可以查看当前结果、历史结果和帮助信息。

区域 5：状态显示模块，显示所选单个工具运行时间、总流程运行时间和算法耗时。

（2）菜单栏　主界面中最上面显示软件的菜单栏，菜单栏提供了算法平台软件的文件、运行、系统、账户、帮助等选项。

（3）文件　该子菜单栏有新建方案、打开方案、最近打开方案、打开示例、保存方案、方案另存为、启动加载设置、方案管理和退出等操作选项。

1）新建方案：进入新的方案搭建流程，单击后会提示是否保存当前方案，用户按需选择即可。

2）打开方案：打开之前创建并保存的方案。

3）最近打开方案：打开最近打开过的方案。

4）打开示例：打开软件自带示例方案，主要包含已经搭建完成的常见视觉方案。

5）保存方案：保存当前配置好的算法方案，文件后缀为 .sol，保存时会提示加密设置，可设置是否加密。

6）方案另存为：保存当前配置好的算法方案到指定的路径，保存时会提示加密设置，可设置是否加密。

7）启动加载设置：设置开机自动启动 VisionMaster 以及启动延时时间，同时可打开指定路径的方案，提前设置方案密码和启动状态。当启用管理员权限时可设置默认开启运行界面，如图 5-174 所示。

图 5-174　启动加载设置

8）方案管理：设置方案自动切换。设置目标方案的路径、密码和通信触发的字符串，同时打开通信切换，当有通信字符串传进来时，可自动切换到该方案，如图 5-175 所示。

图 5-175　方案管理

9）运行：该子菜单栏可以控制当前方案的运行方式：单次运行（F6）、连续运行（F5）、停止运行（F4），也可以打开运行界面显示（F10）。

10）系统：该子菜单栏有日志、通信管理和软件关闭设置 3 个操作选项。其中，"日志"可以查看软件运行过程中的日志信息；"通信管理"可以添加通信设备。

11）账户：该子菜单栏可以启用管理员权限，设置管理员密码即相当于启用了管理员权限，在主界面右上角会弹出管理员控制选项，此时只能单击用户管理，进入权限启用和密码重置界面，如图 5-176 所示。

在用户管理界面可重置管理员密码，也可以启用技术员和操作员权限，并设定相应的密码。开启不同的权限后即可进行权限分配与角色切换，如图 5-177 所示，勾选"开放所有工具"可以开放所有模块的配置权限，也可以自定义需要开放的权限。

图 5-176　用户管理　　　　　　　　　　　　　　图 5-177　权限分配

12）帮助：帮助菜单栏中有帮助文档、学习 VisionMaster、版本信息、更多支持和打开欢迎页选项。帮助文档可打开 VisionMaster 的用户手册，从中获取操作步骤和相关设置方法；学习 VisionMaster 为算法平台 VisionMaster3.0.2 介绍。版本信息可以查看当前的软件版本信息及版权信息；打开欢迎页为打开启动引导界面。语言选项可进行中文和英文的切换。

（4）快捷工具条　主界面中快捷工具条在菜单栏下面，工具条中的相关操作按钮能快速、方便地对相机进行相应的操作，每个按钮对应的含义如图 5-178 所示。

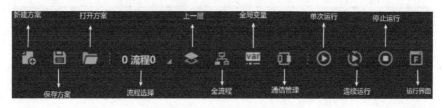

图 5-178　快捷工具条

1）新建方案：新建一个方案。

2）保存方案：在操作区连接相应工程后使用该按钮可保存工程方案文件到本地。

3）打开方案：加载存在本地的工程方案文件。

4）流程选择：切换至目标流程。

5）上一层：单击返回上一级，仅在 Group 中有效，如图 5-179 所示。

6）全流程：当建立多个流程时，打开后就可以显示自己建立的所有流程，当开启运行使能后，可以单击指定的一个或多个流程让指定流程运行，还能直接查看该流程运行次数和单次运行时间，右击单个流程可删除流程、设置连续运行间隔、重命名流程，如图 5-180 所示。

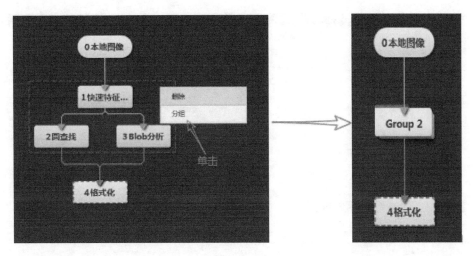

图 5-179 上一层

图 5-180 全流程

7）全局变量：单击➕最多可设置 32 个全局变量，定义每个变量名称、类型、当前值和通信字符串的值。启用通信初始化后，可以通过配置通信字符串，实现对全局变量初始值的设置，如变量 var0，通过通信工具发送 SetGlobalValue：var0 = 0 可将该变量值设为 0，如图 5-181 所示。

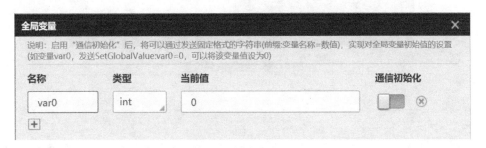

图 5-181 全局变量

8）通信管理：可以设置通信协议以及通信参数，支持 TCP、UDP 和串口通信，如图 5-182 所示。

9）单次运行：单击后单次执行流程。

10）连续运行：单击后连续执行流程。

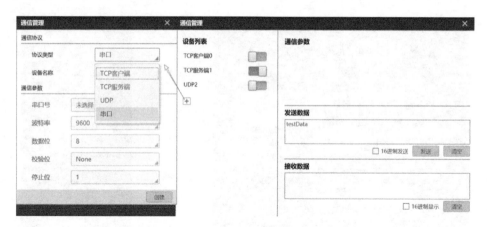

图 5-182　通信管理

11）停止运行：需要中断或提前终止方案操作的情况下，单击"停止运行"按钮即可。

12）运行界面：可以根据自己需要自定义显示界面。

另外，还有数据队列。数据队列进行数据传输，从数据队列接收数据前需要先建立数据队列，单击"全流程"后选择数据队列，添加不同数据类型的数据队列。已存在的队列中均有值时才可以正常接收，否则接收模块返回错误。数据队列设置如图 5-183 所示。

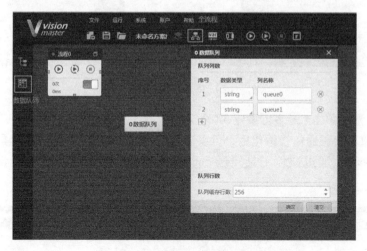

图 5-183　数据队列设置

注意：

　　快捷栏中单次运行、连续运行、停止运行操作对所有流程都生效，若要控制单个流程，请单击该流程中的运行控制按钮。

（5）工具　工具栏区的工具主要包含常用工具、采集、定位、测量、识别、深度学习、标定、图像处理、颜色处理、缺陷检测、逻辑工具和通信等工具。

1）常用工具：可以自定义经常用到的工具。

2）采集：分为相机数据采集、本地图像采集和存储图像。

3）定位、测量、识别、深度学习、标定、图像处理、颜色处理、缺陷检测、逻辑工具等模块：这些都属于视觉处理工具，可以依据方案需求来选择相应的算法模块组合使用。

4）通信：有 IO 通信、ModBus 协议通信和 PLC 通信，可以配合通信管理、数据队列等接收和发送信息，支持 TCP 客户端、TCP 服务端、UDP、串口。

（6）基本参数　"基本参数"可进行一些基本参数的设置，一般主要包括图像输入源的选择和 ROI 的设置，如图 5-184 所示。

图 5-184　圆查找

1）图像输入：用于选择本工具处理图像的输入源，可根据自己需求从下拉栏中进行选择。

2）ROI 区域：设置后对应工具只会对 ROI 区域内的图像进行处理。

ROI 区域有绘制和继承两种创建方式。绘制即绘制自己感兴趣的区域，对应 3 个形状，从左到右依次是全选、框选圆形感兴趣区域、框选矩形感兴趣区域；某些模块中还可以自定义最多 32 个顶点的多边形感兴趣区域。继承即继承前面模块的某个特征区域。选择矩形感兴趣区域可设置中心点坐标、长、宽和角度。选择圆形感兴趣区域可在参数中设置或查看该区域圆心点坐标、外径大小和内径大小、起始角度（初始的半径指向与 X 轴正半轴的夹角大小）和角度范围，如图 5-185 所示。

用户也可以通过自定义设置环形感兴趣区域，如图 5-186 所示。箭头 1 所指处通过改变曲率对环形进行旋转和缩放，它和另一个边缘顶点互为基点。箭头 2 所指可用于放大或缩小内外圆环。箭头 3 所指处用于平移圆环。箭头 4 所指处用于改变圆环的弧度。

所有工具在使用 ROI 区域时，查找方向均为 ROI 区域的方向，即将 ROI 区域理解为一个 XY 坐标系，ROI 箭头方向为 X 轴正向。"从上到下"表示沿 Y 轴由上到下查找直线；"从左到右"表示沿 X 轴由左到右查找直线，如图 5-187 所示。

3）屏蔽区：自定义最多 32 个顶点的多边形屏蔽区，屏蔽区的图像不会被处理。

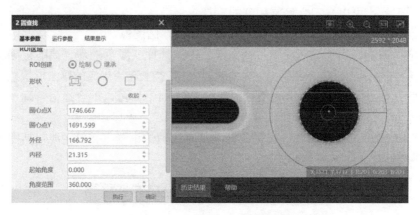

图 5-185　圆查找（自动设置）

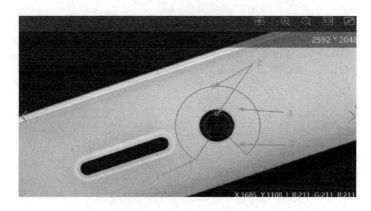

图 5-186　圆查找（自定义设置）

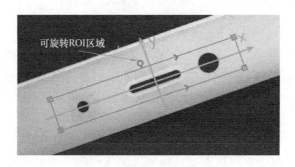

图 5-187　ROI 区域的方向

4）位置修正：打开后起到位置修正的作用，配合位置修正工具使用。

（7）结果显示　结果显示包含结果判断、图像显示、文本判断和前项显示，以圆查找为例，如图 5-188 所示。

1）结果判断：对算法输出结果进行判断，判断结果会对模块状态造成影响。以半径判断为例，开启半径判断则可设置目标圆的半径范围，默认值为 0~99999，当查找的圆半径在参数范围内圆轮廓会显示绿色，超出会显示红色。

图 5-188　结果显示

2）图像显示：在图像中对算法结果进行渲染显示，默认打开，单击 👁 后关闭。单击 ✏ 后可以设置 OK 的颜色和 NG 的颜色，在圆结果中 OK 颜色决定拟合圆的轮廓颜色。

3）文本显示：可以设置文本显示的内容、OK 颜色、NG 颜色、字号、透明度和位置坐标。

（8）多流程　多流程具有多功能、效率高、可异步执行的特点。通过建立互不干扰的若干流程，满足对不同功能、不同时序的需求，相当于开启多个算法软件，同时也可以通过数据队列或者全局变量将多流程结合到一起。

例如，根据功能需求建立多流程，每个流程可实现不同的功能，且没有时序要求，如图 5-189 所示，对 3 类不同样品进行数量判断，并发送判断结果。

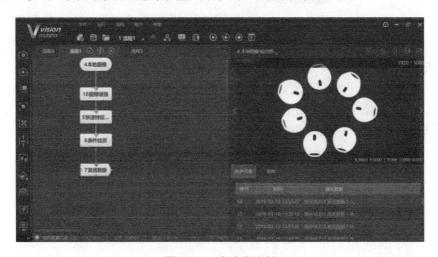

图 5-189　多流程实例

可将判断结果发送至数据队列，需要单击 ▦ 进入全流程，在全流程里面可以建立相应的数据队列，如图 5-190 所示，在数据队列的历史结果中可以看到数据队列的缓存情况。

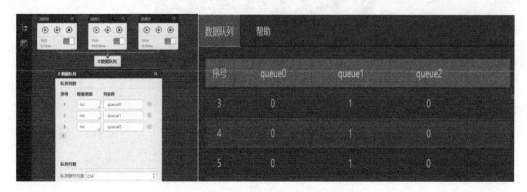

图 5-190　数据队列

流程可通过"接收数据"取出数据队列中的值，并对取出的值进行其他运算，如图 5-191 所示。

图 5-191　接收数据

此处的脚本起到延时的作用，因为数据队列遵循先进先出的原则且只有当一行中数满之后才能将数据取出，要保证"接收数据"模块在前面流程都运行完了之后才开始接收。

当选择软触发，单次全局运行时，该方案能达到预期输出，但是若选择硬触发流程 0、流程 1、流程 2，流程 3 就无法被触发进行数据接收，此时可选择利用全局变量对方案进行优化，先设置相应的全局变量，如图 5-192 所示。

图 5-192　全局变量

流程0、流程1、流程2将数据都发送至全局变量中，如图5-193所示。

图5-193　发送数据

可以在任意流程的后面接收全局变量的结果并做相应的逻辑运算，但是要控制好时序，保证在所有全局变量都接收到数值时再取出数据。最终对接收到的所有数据进行逻辑与运算，并将运算结果通过TCP通信输出给第三方设备，如图5-194所示。

图5-194　接收数据

5.7.2　视觉相机的典型应用

1. 四轴机器人视觉配置及视觉程序简介

（1）四轴机器人视觉配置

1）四轴机器人工程文件添加视觉控制器，如图5-195所示。

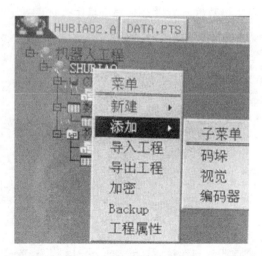

图 5-195　添加视觉控制器

2）配置视觉控制器参数，机器人作为客户端，该处配置要与视觉参数配置相同，如图 5-196 所示。

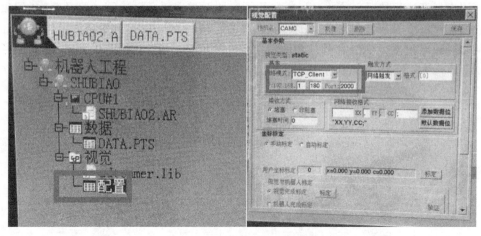

图 5-196　视觉控制器参数配置

（2）视觉程序简介

1）local pos={x=0,y=0,c=0,z=0}　定义位置信息,用于接收视觉传来的数据。

2）in1=0　PLC 写给四轴控制相机拍照中间变量。

3）initTCPnet("CAM0")　初始化网络 IP 以及端口。

4）while publicread(0X100)~=1 do
　　end
in1=publicread(0x102)
　　PLC 给四轴控制相机发出拍照请求。

5）str=string. format("%d",in1)

```
    CCDsent("CAM0",str)
    print(str)
    Delay(500)
    触发相机拍照。
6)local n,data,err=CCDrecv("CAM0")
print(err)
    接收视觉发送回来的数据,视觉错误信息。
7)if data[1][1]~=0 or data[1][1]~=0 then
    print{data[1][1],data[1][2],data[1][3]}
    pos.x=data[1][1]
    pos.y=data[1][2]
    pos.c=data[1][3]
    end
```

如果接收的视觉数据 X、Y 不为 0,则数据有效,获取物料的 X、Y 坐标以及角度等信息。

8)MArchP(pos,0,10,10)　　四轴机器人去到指定位置抓取。

2. 视觉软件通信端口配置及功能介绍

（1）视觉系统简介　如图 5-197~图 5-199 所示,为视觉系统的主机、相机以及光源。

图 5-197　视觉系统主机

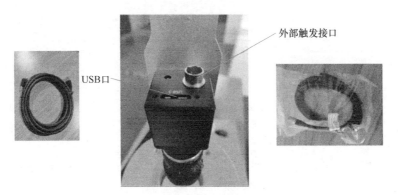

图 5-198　视觉系统相机

图 5-199　视觉系统光源

（2）视觉软件通信端口配置

1）打开视觉软件 Vision Master 3.0.0。

2）单击"系统"，选择"通信管理"，如图 5-200 所示。

图 5-200　配置通信管理

3）单击图示中的符号"+"，添加通信端口，如图 5-201 所示。

通信管理	✕
设备列表 田	**通信参数** **发送数据** TestData □ 16进制发送　发送　清空 **接收数据** □ 16进制显示　清空

图 5-201　通信管理

4）配置通信协议如下：协议类型选择"TCP 服务端"，本地端口设置为 2000，本机 IP 设置为 192.168.1.180，此处设置一定要与四轴机器人进行匹配，配置完成后，单击"创建"按钮，如图 5-202 所示。

图 5-202 通信管理对话框

5）通信配置完成后，如图 5-203 所示。

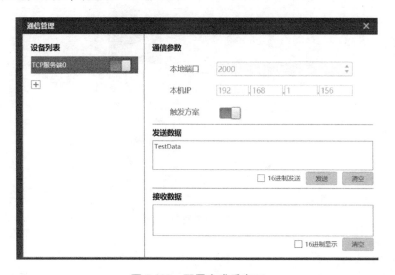

图 5-203 配置完成后窗口

（3）视觉功能指令介绍 典型视觉工具包括特征匹配、颜色抽取、位置修正、直线、圆查找、边缘查找、间距检测、BOLB 分析、交点检测、顶点检测、矩形检测、图像处理、字符比较、分支模块和格式化等。其中特征匹配包括快速特征匹配和高精度特征匹配，如

图 5-204 所示。

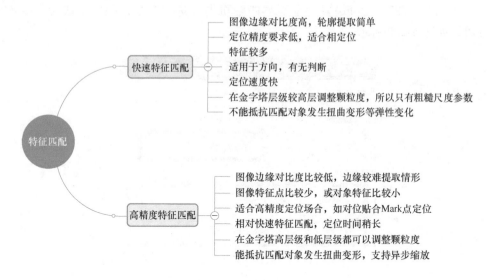

图 5-204　特征匹配

这里主要介绍快速特征匹配，一个特征匹配模块可以同时创建多个模板作为候选模板，如图 5-205 所示。

图 5-205　快速特征匹配

图 5-206 所示为建立模板。

1）尺度模式：分为自动和手动两种，自动模式由算法自动决定，手动模式由用户填写的参数决定。

2）粗糙尺度：表示颗粒度大小的参数，该值越大，表示颗粒度越大，相应抽取的边缘点就越少，但会加快特征匹配速度，如图 5-207 所示。

3）阈值模式：也分为自动和手动两种，自动模式由算法自动决定，手动模式由用户填

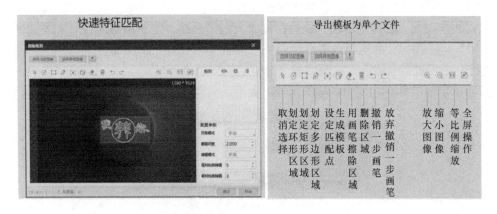

图 5-206　建立快速特征

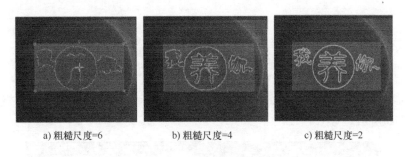

a) 粗糙尺度=6　　　b) 粗糙尺度=4　　　c) 粗糙尺度=2

图 5-207　不同粗糙尺度的特征

写的参数决定。

4) 低对比度边缘阈值和高对比度边缘阈值：该值反映边缘对比度的大小，边缘对比越强烈，相应的阈值越大，如图 5-208 所示。

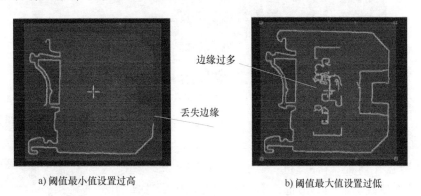

a) 阈值最小值设置过高　　　　　　　b) 阈值最大值设置过低

图 5-208　阈值设置对特征的影响

3. 机器人与相机静态九点标定

(1) 设定相机 IP 地址　打开软件 MVS 进行 IP 地址的设置，使其和计算机的 IP 地址处于同一个网段，这样相机才会和软件进行数据交换。

（2）设定机器人拍照位置点　首先在机器人程序里面设定相机拍照位置点 P［50］，执行 P［50］运动指令让相机回到拍照位置点。一旦示教好 P［50］位置点后就不要再次设定，否则标定误差就会增大，进而影响坐标值的输出结果。

（3）标定相机九点　添加本地图像并设置为黑白模式，即 MONO8，如图 5-209 所示。

图 5-209　添加本地图像

注意：

在实际中是添加相机图像，并选择相机型号和相机拍照触发方式（软触发或硬触发）及曝光时间等。

单击"本地图像"，在对话框的右侧选择标定纸，标定纸的形状可以是方格也可以是圆等，如图 5-210 所示。

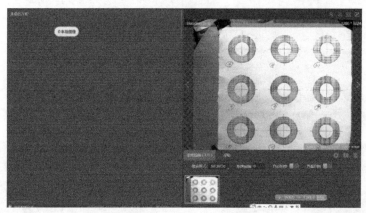

图 5-210　本地图像实时显示

（4）添加圆查找属性和 N 点标定属性（见图 5-211）

1）双击圆查找属性。在圆查找属性对话框中，设置"结果显示"中的"圆心 X 判断"和"圆心 Y 判断"，如图 5-212 所示。

2）在基本参数里选择矩形框，框住本地图像中所选择的圆心，如图 5-213 所示。

3）单击主菜单中的运行按钮 ▶ 后，确定"圆查找"属性对话框。再双击打开 N 点标定，单击对话框中"标定点个数"后面的画笔，弹出如图 5-214 所示的对话框，这里的 ID0 已经记录了第一点的相机坐标点 X 和 Y 的值。

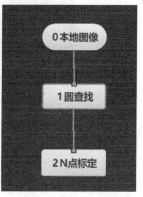

图 5-211　添加指令

图 5-212　圆查找配置

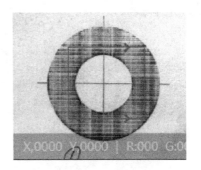

图 5-213　查找圆心

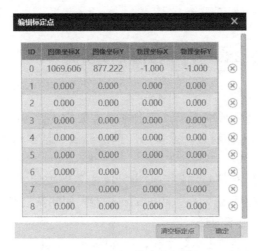

图 5-214　圆心像素坐标输入

4) 依次重复上述 "2)、3)" 的方法，按照顺序依次执行 2~9 八个圆心。

5) 在 N 点标定→编辑标定点对话框中已经记录了 9 点像素坐标值，如图 5-215 所示。

6) 单击 N 点标定属性框，绿色线条会显示标定顺序的路径和方向，如图 5-216 所示。

(5) 标定机器人物理坐标 9 点

1) 保持标定纸和相机不动，机器人回拍照点 P［50］并切换到直角坐标系，换下机器人定标针，依次从第 1 点顺序记录 9 点的物理坐标值：X 值和 Y 值；分别填到 "N 点标定→编辑标定点" 对话框 9 个物理坐标点下面的空格中，顺序填入后单击 "确定" 即可。

图 5-215　9 点圆心像素坐标输入

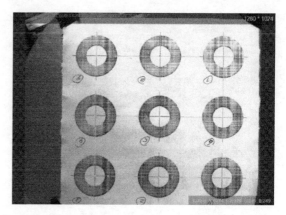

图 5-216　标定顺序的路径和方向

2）在"N 点标定"属性对话框中，"生成标定文件"选择保存路径，命名为后缀名为 iwcal 的"标定"文件。单击"执行"按钮后会在指定路径中产生标定文件，至此相机的像素坐标就和机器人的物理坐标关联起来了。

5.8　PLC 控制四轴机器人实例

1. 工作任务

某公司新装配完成一套指尖陀螺压装工作站，需要完成设备的调试工作，优化程序流程及工艺并提高工作效率和工作质量。设备出厂前已经做了基本的功能测试。具体控制要求如下：

1）按下急停按钮，所有信号均停止输出，放松急停按钮，复位指示灯以 1Hz 频率闪烁，按下复位按钮，复位指示灯常亮，四轴工业机器人回到安全点，夹具松开，复位指示灯熄灭，起动指示灯以 1Hz 频率闪烁。

2）按下起动按钮后，起动指示灯常亮，起动四轴工业机器人完成 1 个完整陀螺（A 工位：蓝色陀螺主体；1、2、3 工位：蓝色轴承）从原料托盘（见图 5-217）搬运至环形装配检测机构指定位置（存放位置说明见图 5-218）的转运操作。完成物料的转运后，一个工作流程结束，起动指示灯熄灭，停止指示灯常亮。

图 5-217 所示为 7 个物料摆放示意图。

四轴工业机器人的通信地址为：192.168.1.20。

PLC 的通信地址为 192.168.1.18。

2. 设备 I/O 说明及读写地址配置

（1）设备 I/O　图 5-219 所示为设备按钮和指示灯。

按钮和指示灯的地址见表 5-9。

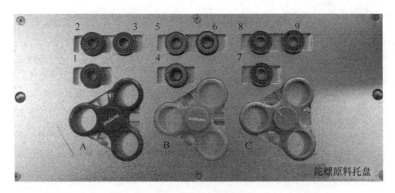

图 5-217　陀螺摆放示例

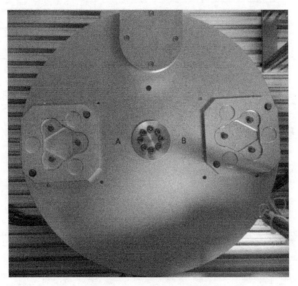

图 5-218　存放位置说明

图 5-219　设备按钮和指示灯

表 5-9　按钮和指示灯的地址

按钮名称	按钮地址	指示灯地址
起动	X0	Y0
停止	X1	Y1
复位	X2	Y2
伺服使能	X4	Y3
手/自动	X5	Y4
急停	X3	Y5

（2）读写地址配置 PLC 与四轴机器人之间进行数据传输的起始地址设置见表 5-10。

表 5-10 传输起始地址设置

PLC	四轴机器人
D200	0x100
D250	0x110

3. PLC 程序编写

（1）Modbus TCP 通信程序

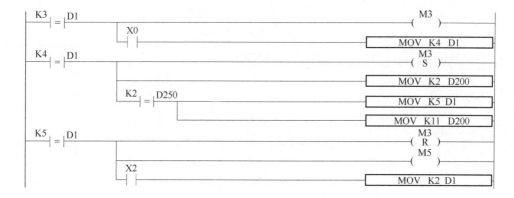

（2）急停解除程序

（3）复位程序

（4）搬运程序

（5）指示灯控制程序

（6）急停程序

4. 四轴机器人程序编写

四轴机器人的程序编写如下：

```
MotOn()
::aa::
DO(18,0)
publicwrite(0x110,0)
a=0
b=0
while publicread(0x100)~=1 do
end
MArchP(p1,10,50,50)
waitpos()
publicwrite(0x110,1)
while publicread(0x110)~=10 do
end
publicwrite(0x110,0)
::bb::
while publicread(0x110)~=2 do
end
a=a+1
if a==1 then
MArchP(p11,10,50,50)
DO(18,1)
Delay(100)
```

```
MArchP(p31,10,50,50)
DO(18,0)
Delay(100)
end
if a==2 then
MArchP(p12,10,50,50)
DO(18,1)
Delay(100)
MArchP(p32,10,50,50)
DO(18,0)
Delay(100)
end
if a==3 then
MArchP(p13,10,50,50)
DO(18,1)
Delay(100)
MArchP(p33,10,50,50)
DO(18,0)
Delay(100)
end
if a==4 then
MArchP(p14,10,50,50)
DO(18,1)
Delay(100)
MArchP(p34,10,50,50)
DO(18,0)
Delay(100)
end
if a<4 then
goto bb
end
MArchP(p1,10,50,50)
waitpos()
publicwrite(0x110,2)
Delay(100)
while publicread(0x110)~=11 do
end
publicwrite(0x110,0)
goto aa
```

5.9　　PLC 控制转盘实例

1. 工作任务

根据公司调试任务要求，需要编写 PLC 程序和组态触摸屏，在触摸屏中实现转盘的调试功能。图 5-220 所示为触摸屏画面。具体控制要求如下：

1）触摸屏能够修改转盘的运行速度（范围 0~200r/min）、加速时间、减速时间等。

2）触摸屏能够显示转盘的实时角度。

3）触摸屏能够进行转盘零点标定、伺服使能操作。

4）触摸屏能够操作转盘顺时针点动、逆时针点动。

5）触摸屏能够操作转盘准确到达 0°位置、180°位置。

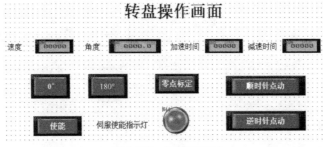

图 5-220　触摸屏画面

2. PLC 程序编写

PLC 程序编写如下：

```
     SM11
6    ─┤↑├────────────────────────────────[ MRGW  K4  H40A  K5  D400  K2 ]

                                          [ REGW  K4  H514  D410  K2 ]

                                          [ REGW  K4  H523  D415  K2 ]

                                          [ REGR  K4  H40A  K5  D480  K2 ]

                                          [ REGR  K4  H105E  K2  D450  K2 ]

     SM0
36   ─┤├─────────────────────────────────[ DFLT  D450  D454 ]

                                          [ EDIV  D454  K131072  D458 ]

                                          [ EMUL  D458  K7.2  D462 ]

                                          [ INT  D462  D464 ]

     SM0  D490  K0
54   ─┤├──┤ = ├───────────────────────────[ MOV  K150  D490 ]
      │
      └───────────────────────────────────[ MUL  D490  K500  D494 ]

                                          [ MOV  D494  D402 ]
```

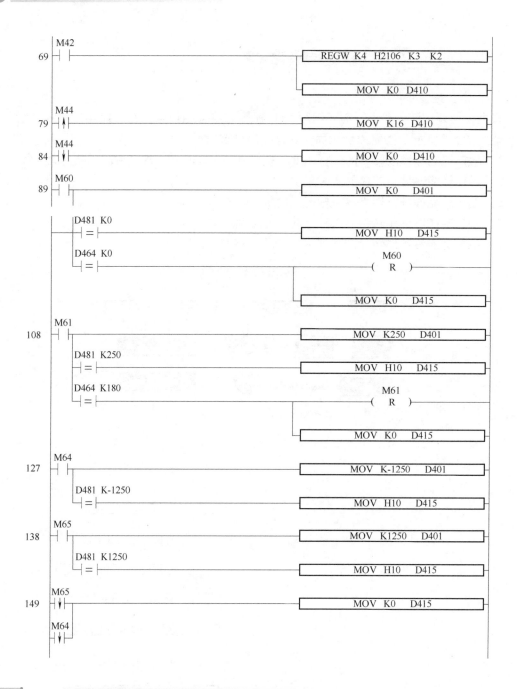

5.10 PLC 与六轴机器人的通信实例

1. 工作任务

根据公司调试任务要求，需要编写 PLC 程序和组态触摸屏，实现 PLC 与六轴机器人的通信，并在触摸屏中实现六轴机器人通信的调试功能。图 5-221 所示为触摸屏画面。具体控制要求如下：

1）触摸屏能够显示机器人寄存器的数据。

2）触摸屏能够修改机器人寄存器的数据。

3）触摸屏能够显示通信的状态。

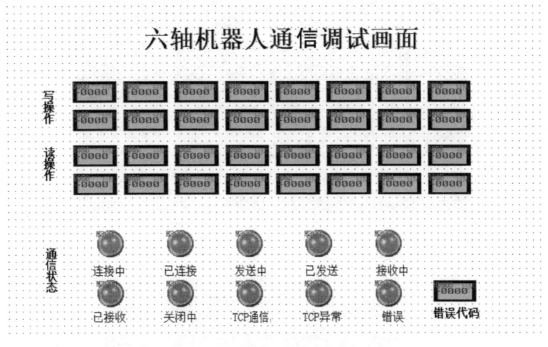

图 5-221 触摸屏画面

2. PLC 程序编写

PLC 程序编写如下：

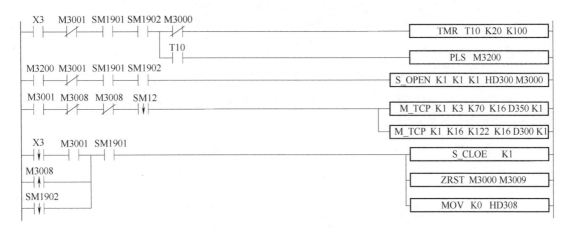

5.11 PLC 控制自动导引车（AGV）实例

1. 工作任务

某公司新装配完成一套移动输送系统，需要完成 3 个原料托盘的转运动作，优化程序流

程及工艺并提高工作效率和工作质量。设备出厂前已经做了基本的功能测试。图 5-222 所示
为移动输送系统工作示意图。图 5-223 所示为原料托盘。

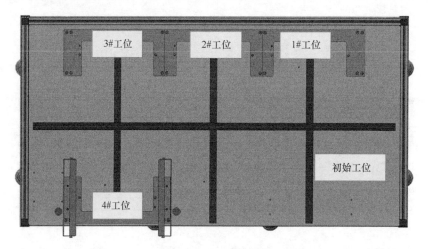

图 5-222　移动输送系统工作示意图

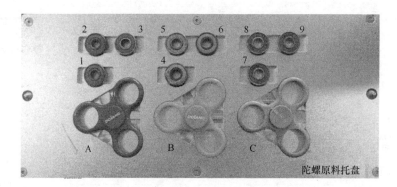

图 5-223　原料托盘

该移动输送系统的具体控制要求如下：

（1）手动控制　通过触摸屏按钮控制移动输送系统完成 3 个原料托盘的转运动作，并
能够显示当前库位和即将要移动的库位信息。触摸屏组态如图 5-224 所示。

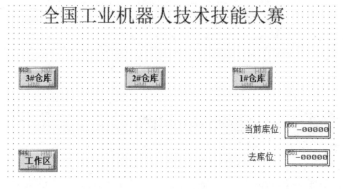

图 5-224　触摸屏组态

（2）自动控制　按下起动按钮后，实现小车自动控制，首先无论小车在什么位置，小车先行回到1#工位，然后将原料托盘运送至4#工位，到达4#工位后，小车原路返回，将原料托盘送回1#工位，重复以上动作，使得2#工位和3#工位的托盘实现相同的控制要求。工作完成后，小车回到1#工位。

2. AGV 小车通信地址及控制指令说明

（1）AGV 小车与 PLC 的通信地址（见表5-11）

表 5-11　通信地址

作用	地址
AGV 速度	D500
AGV 控制字	D501
AGV 反馈位置	D551

（2）PLC 与 AGV 小车间的控制指令说明（见表5-12）

表 5-12　控制指令

仓库号	PLC 发送指令	AGV 反馈位置	数据类型
1#	1	1	
2#	2	2	
3#	3	3	16 进制
4#	4	14/24/34	

3. PLC 程序编写

（1）PLC 与 AGV 通信程序

（2）手动控制程序

（3）首次回 1#工位程序

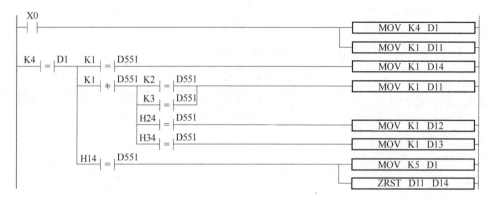

（4）去往 2#工位程序

```
K5    D1                                      MOV  K1  D11
  = |
       K1    D551                              MOV  K1  D12
         = |
       K2    D551                              MOV  K1  D14
         = |
       H24   D551                              MOV  K6  D1
         = |
                                               ZRST  D11  D14
```

（5）去往 3#工位程序

```
K6    D1                                      MOV  K1  D12
  = |
       K2    D551                              MOV  K1  D13
         = |
       K3    D551                              MOV  K1  D14
         = |
       H34   D551                              MOV  K7  D1
         = |
                                               ZRST  D11  D14
```

（6）回 1#工位程序

```
K7    D1                                      MOV  K1  D11
  = |
```

　基于视觉的四轴机器人上料实例

1. 工作任务

某公司新装配完成一套指尖陀螺压装工作站，需要完成设备的调试工作，优化程序流程及工艺，并提高工作效率和工作质量。设备出厂前已经做了基本的功能测试。该工作站需要转运的物料为陀螺，包括主体和轴承两种物料，分为红、蓝和紫 3 种颜色，如图 5-225所示。

图 5-225　物料示意图

具体控制要求如下：

1）按下急停按钮，所有信号均停止输出，放松急停按钮，复位指示灯以 1Hz 频率闪烁，按下复位按钮，复位指示灯常亮，四轴工业机器人回到安全点，夹具松开，复位指示灯熄灭，起动指示灯以 1Hz 频率闪烁。

2）按下起动按钮后，起动指示灯常亮，起动四轴工业机器人完成 1 个完整陀螺物料从原料托盘（见图 5-226）搬运至环形装配检测机构指定位置（存放位置说明见图 5-227）的转运操作（调试时，物料每次随机放置，即四轴机器人与视觉系统配合，通过视觉软件触发视觉系统拍照，能够正确识别物料的坐标值和角度值），从而准确获取物料位置、颜色、形状等信息，准确地吸取物料并能放到指定的工装位置。物料的搭配可通过触摸屏进行配置，完成物料的转运后，一个工作流程结束，起动指示灯熄灭，停止指示灯常亮。

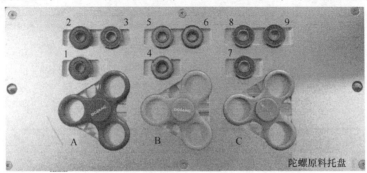

图 5-226　原料托盘物料布局示意图（请打乱顺序摆放）

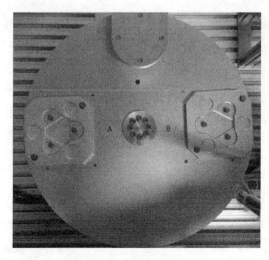

图 5-227　存放位置说明

3）组态触摸屏，要求触摸屏能够实现与设备按钮一样的控制功能，如图 5-228 所示。

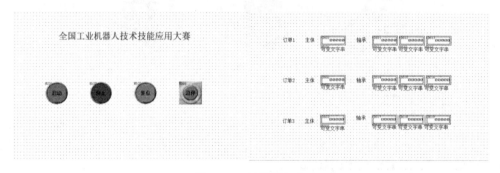

图 5-228　触摸屏组态

2. 设备 I/O 说明及读写地址配置

（1）设备 I/O　图 5-229 所示为设备按钮和指示灯。

图 5-229　设备按钮和指示灯

按钮和指示灯的地址见表 5-13。

表 5-13　按钮和指示灯的地址

按钮名称	按钮地址	指示灯地址
起动	X0	Y0
停止	X1	Y1

（续）

按钮名称	按钮地址	指示灯地址
复位	X2	Y2
伺服使能	X4	Y3
手/自动	X5	Y4
急停	X3	Y5

（2）读写地址配置　PLC 与四轴机器人之间进行数据传输的起始地址设置见表 5-14。

表 5-14　传输地址表

PLC	四轴机器人
D200	0x100
D250	0x110

3. PLC 程序编写

（1）ModbusTCP 通信程序

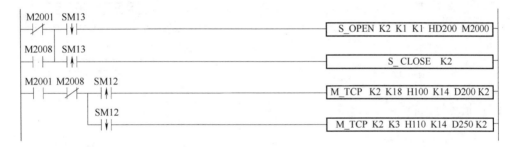

（2）急停解除程序

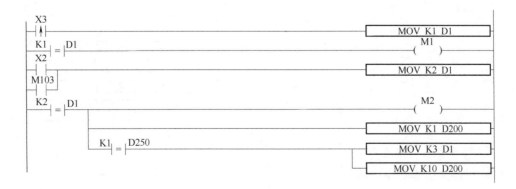

（3）复位程序

（4）视觉判断上料程序

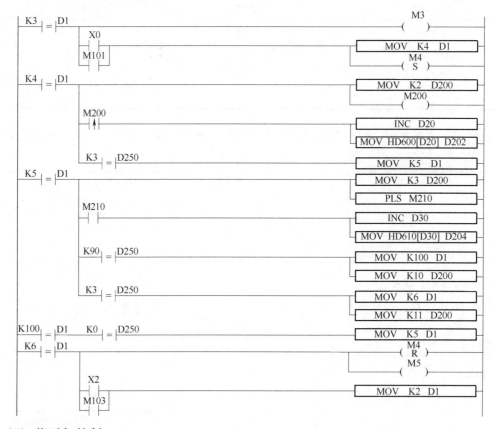

（5）指示灯控制

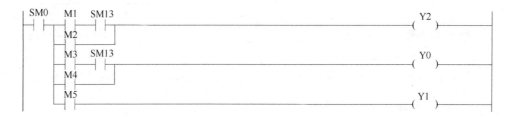

（6）急停程序

4. 四轴机器人程序编写

四轴机器人的程序编写如下：

```
MotOn()
local pos={x=0,y=0,c=0,z=0}
a=0
b=0
c=0
d=1
in1=0
in2=0
publicwrite(0x110,0)
DO(9,OFF)
DO(18,OFF)
initTCPnet("CAM0")
MArchP(50,0,10,10)
Delay(500)
while publicread(0x100)~=1 do
end
MArchP(p1,10,50,50)
waitpos()
publicwrite(0x110,1)
while publicread(0X100)~=10 do
end
publicwrite(0x110,0)
::aa::
while publicread(0x100)~=2 do
end
in1=publicread(0x102)
str=string.format("% d",in1)
CCDsent("CAM0",str)
print(str)
Delay(500)
local n,data,err=CCDrecv("CAM0")
print(err)
if data then
if data[1][1]~=0 or data[1][2]~=0 then
print{data[1][1],data[1][2],data[1][3]}
pos.x=data[1][1]
pos.y=data[1][2]
pos.c=data[1][3]
```

```
end
end
if pos.x<690 then
a=1
end
if 690<pos.x and pos.x<1350 then
a=2
end
if pos.x>1350 then
a=3
end
MArchP(30,0,10,10)
MovL(31)
MArchP(a,0,10,10)
DO(9,ON)
Delay(500)
MArchP(31,0,10,10)
MovL(30)
MArchP(21,0,10,10)
DO(9,OFF)
Delay(500)
MArchP(50,0,10,10)
Delay(500)
publicwrite(0x110,3)
::bb::
while publicread(0x100)~=3 do
end
Delay(1000)
in2=publicread(0x104)
str=string.format("%d",in2)
CCDsent("CAM0",str)
print(str)
Delay(500)
local n,data,err=CCDrecv("CAM0")
print(err)
if data then
if data[1][1]~=0 or data[1][2]~=0 then
print{data[1][1],data[1][2],data[1][3]}
```

```
pos.x=data[1][1]
pos.y=data[1][2]
pos.c=data[1][3]
end
end
if pos.x<380 then
if pos.y>500 then
b=11
else
b=12
end
end
if 380<pos.x and pos.x<700 then
b=13
end
if 700<pos.x and pos.x<1080 then
if pos.y>500 then
b=14
else
b=15
end
end
if 1080<pos.x and pos.x<1400 then
b=16
end
if 1400<pos.x and pos.x<1740 then
if pos.y>500 then
b=17
else
b=18
end
end
if 1740<pos.x then
b=19
end
c=c+1
if c==1 then
d=22
```

```
end
if c==2 then
d=23
end
if c==3 then
d=24
end
MArchP(30,0,10,10)
MovL(31)
MArchP(b,0,10,10)
DO(18,ON)
Delay(500)
MArchP(31,0,10,10)
MovL(30)
MArchP(d,0,10,10)
DO(18,OFF)
Delay(500)
MArchP(50,0,10,10)
Delay(500)
if c<3 then
publicwrite(0x110,90)
while publicread(0x100)~=10 do
end
publicwrite(0x110,0)
goto bb
else
c=0
publicwrite(0x110,9)
while publicread(0x100)~=11 do
end
publicwrite(0x110,0)
end
MArchP(50,0,10,10)
```

5.13　基于 PLC 控制的指尖陀螺装配实例

1. 工作任务

根据工艺要求，需要六轴机器人与转盘机构配合，协同完成陀螺的装配任务。具体控制要求如下：

1）设备运行之前，将轴承和陀螺主体分别放置到原料托盘中对应位置（见图 5-230）。

2）自动运行机器人程序。

3）机器人回到安全点等待 PLC 发送信号，同时转盘机构回到 0°。

4）触摸屏及操作面板运行灯闪烁。

5）按下触摸屏起动按钮，运行灯常亮。

6）机器人自动运行，将 A 位置陀螺主体和 1、2、3 位置的轴承搬运到转盘上转运料盘中。

7）转盘逆时针旋转 90°。

8）冲压机构动作，完成陀螺压装。

9）转盘顺时针旋转到 0°。

10）机器人将装配完成的陀螺搬运回 A 位置存放。

11）重复 6）~10）的过程，依次完成 B、C 位置陀螺的装配。

12）所有陀螺装配完成后，机器人回到安全点，流程结束。

触摸屏画面如图 5-231 所示。注意，按下触摸屏停止按钮，停止灯常亮，流程结束。

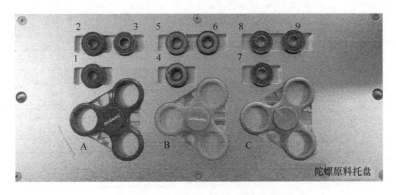

图 5-230 原料托盘物料布局示意图

图 5-231 触摸屏画面

2. 程序编写

（1）编写 PLC 程序

（2）编写六轴机器人程序

1）机器人主程序

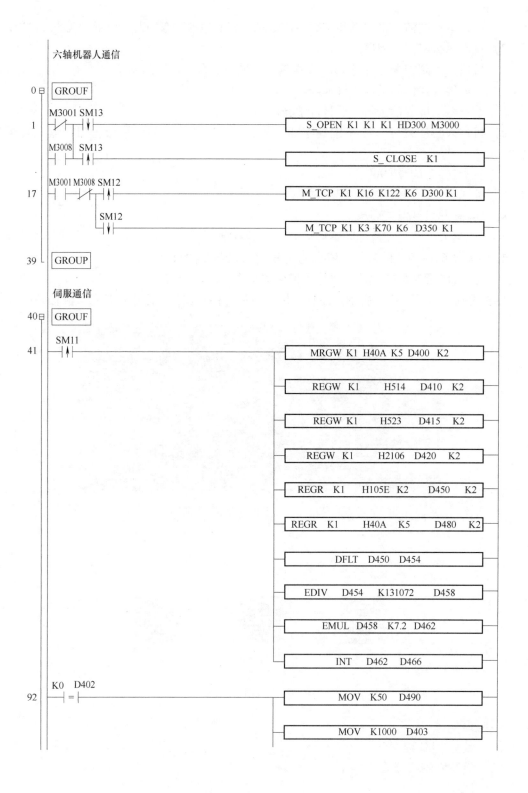

```
                                                    ┌─────────────────────────┐
                                                    │ MOV   K1000   D404      │
                                                    └─────────────────────────┘
        SM0                                         ┌─────────────────────────┐
104     ─┤├──┬──────────────────────────────────────│ MUL  D490  K100  D494   │
            │                                       └─────────────────────────┘
            │                                       ┌─────────────────────────┐
            │                                       │ MOV   D494   D402       │
            │                                       └─────────────────────────┘
          K16 D410
         ─┤=├──────────────────────────────────────────────────( Y3 )

118     ┌──────┐
        │GROUP │
        └──────┘

        运行程序

119 ┤  ┌──────┐
       │GROUF │
       └──────┘
        X3
120     ─┤├──────────────────────────────────────────────────( Y12 )
                                                         ├────( Y13 )

        X3                                              ┌─────────────────────────┐
126     ─┤↑├─────────────────────────────────────────────│ MOV   K16    D410      │
                                                        └─────────────────────────┘
                                                        ┌─────────────────────────┐
                                                        │ MOV   K0     D415      │
                                                        └─────────────────────────┘
                                                        ┌─────────────────────────┐
                                                        │ MOV   K1     D1        │
                                                        └─────────────────────────┘
        X5  K1  D1
137     ─┤├─┤=├───┬─────────────────────────────────────────────( M1 )
                  │  M100                              ┌─────────────────────────┐
                  ├──┤├──┬───────────────────────────────│ MOV   K2     D1        │
                  │  X2  │                             └─────────────────────────┘
                  │──┤├──┘
                  │
          K2  D1  │
         ─┤=├─────┼─────────────────────────────────────────────( M2 )
                  │                                   ┌─────────────────────────┐
                  │                                   │ MOV   K0     D401      │
                  │                                   └─────────────────────────┘
                  │ D401 D481                         ┌─────────────────────────┐
                  ├──┤=├──────────────────────────────────│ MOV   K16    D415      │
                  │                                   └─────────────────────────┘
                  │ K0  D466      K1  D350            ┌─────────────────────────┐
                  ├──┤=├─────────┤=├──┬─────────────────│ MOV   K3     D1        │
                  │                   │               └─────────────────────────┘
                  │                   │               ┌─────────────────────────┐
                  │                   └─────────────────│ MOV   K0     D415      │
                  │                                   └─────────────────────────┘
          K3  D1  │
         ─┤=├─────┴─────────────────────────────────────────────( M3 )
```

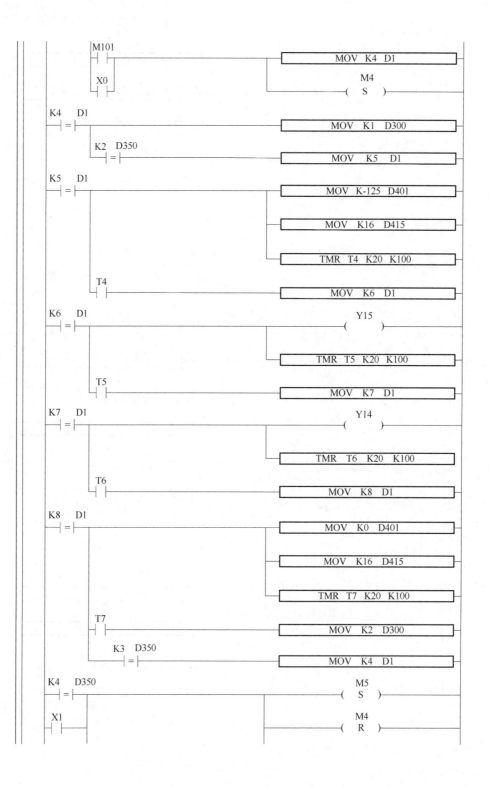

```
1   fidbus.mobtxint[0]:=0;
2   io.output[12]:=false;
3   io.output[13]:=false;
4   MJOINT(aqd,v1000,fine,tool0);
5   fidbus.mobtxint[0]:=1;
6   WAIT(fidbus.mobrxint[0]=1);
7   zhuazt(fzt,zt1);
8   zhuazc(f1,zc1);
9   zhuazc(f2,zc2);
10   zhuazc(f3,zc3);
11   fidbus.mobtxint[0]:=2;
12   WAIT(fidbus.mobrxint[0]=2);
13   zhuazt(zt1,fzt);
14   fidbus.mobtxint[0]:=3;
15   WAIT(fidbus.mobrxint[0]=1);
16   zhuazt(fzt,zt2);
17   zhuazc(f1,zc4);
```

2）机器人搬运主体子程序

```
1   MJOINT(OFFSET(Z,0,0,50),v1000,fine,tool0);
2   MLIN(Z,v1000,fine,tool0);
3   io.output[13]:=true;
```

```
4   DWELL(1);
5   MLIN(OFFSET(Z,0,0,100),v1000,fine,tool0);
6   MJOINT(OFFSET(F,0,0,50),v1000,fine,tool0);
7   MLIN(F,v1000,fine,tool0);
8   io.output[13]:=false;
9   DWELL(1);
10   MLIN(OFFSET(F,0,0,100),v1000,fine,tool0);
```

3）机器人搬运轴承子程序

```
1   MJOINT(OFFSET(ZHU,0,0,50),v1000,fine,tool0);
2   MLIN(ZHU,v1000,fine,tool0);
3   io.output[12]:=true;
4   DWELL(1);
5   MLIN(OFFSET(ZHU,0,0,100),v1000,fine,tool0);
6   MJOINT(OFFSET(FANG,0,0,50),v1000,fine,tool0);
7   MLIN(FANG,v1000,fine,tool0);
8   io.output[12]:=false;
9   DWELL(1);
10   MLIN(OFFSET(FANG,0,0,100)v100,fine,tool0);
```

第 6 章

工业机器人生产线综合调试与优化
——机器人礼品自动包装工作站工程实例

机器人全自动礼品包装任务平台由 1#操作平台和 2#操作平台组成。其工作流程如图 6-1 所示，设备复位后 AGV 小车回到原点位置，起动前在触摸屏上选择所需要的礼品图案，起

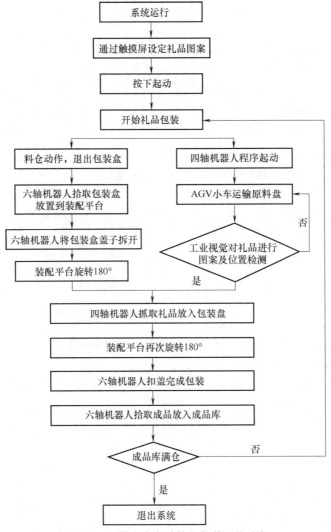

图 6-1　机器人全自动礼品包装工作流程

动设备后，纪念币包装盒供料库动作，推出包装盒，六轴工业机器人拾取包装盒，放置到转盘槽位，吸盘继续提供真空压力，吸盘带动盒盖水平移动，提起盒盖，完成包装盒底、盖分离动作，转盘机构带动包装盒底旋转 180°，准备接收来自四轴机器人的纪念币；同时 AGV 小车从原料库 ABC 区任意一区中把礼品原料托盘托起，并运送到缓存区托架；视觉模块从礼品原料托盘中识别出所需要的礼品图案及位置，四轴工业机器人从中抓取符合要求的礼品，放置到包装盒中，如缓存区原料托盘无符合指定图案的纪念币，则 AGV 小车再次起动，将挑选完成的原料托盘送回至原料库 ABC 区对应位置，并托起下一区域位置的原料托盘送至缓存区托架，直至有符合要求的纪念币，转盘再次旋转 180°，到达六轴机器人工作位；六轴机器人完成放盖动作，然后吸盘吸取整个包装盒，放到成品库，完成装配。

1. 四轴机器人程序

```
    --拍照点1
    DO(1,OFF)
local pos={x=0,y=0,z=0,c=0}
local a=0
local b=0
local c=1
local IN1=0
local IN2=0
publicwrite(0x110,0)
publicwrite(0x112,0)
publicwrite(0x114,0)
publicwrite(0x116,0)          --初始化端口
--网络初始化
initTCPnet("CAM0")            --初始化网络 IP 以及端口
MotOn()
MovJ(J3,0)                    --安全位置
::aa::
MovP(p1)                      --拍照点
Delay(100)
publicwrite(0x114,0)          --D254 未检测到料编号
publicwrite(0x116,0)
publicwrite(0x110,1)          --D250
IN1 = publicread(0x100)       --D200
while IN1~=1 do
Delay(10)
    goto aa
end
publicwrite(0x110,0)          --D200
```

```
::bb::
publicwrite(0x114,0)
if a==12 then
    publicwrite(0x116,1)          --D256
    print("12 次订单扫描完毕进行 AGV 调度")
    Delay(1000)
    a=0
    goto aa
end
a=a+1                             --次数
print("抓第",a,"个物料")
::cc::
if b==2 then
    publicwrite(0x114,IN2)        --D254 未检测到物料把物料编号传给 PLC D254
    print("未检测到物料把物料编号传给 PLC",IN2)
    Delay(1000)
    b=0
    goto bb
end
print("未检测到物料次数",b)
publicwrite(0x112,a)             --D252
Delay(1000)
IN2=publicread(0x102)           --DO202
if IN2~=0 then
    str=string.format("% d",IN2)
    CCDsent("CAM0",str)
else
    goto bb
end
local n,data,err=CCDrecv("CAM0")
print("拍照返回错误信息",err)
if data then
    if data[1][1]~=0 or data[1][2]~=0 then
        print(data[1][1],data[1][2],data[1][3])
    --如果接收的视觉数据 X,Y 不为 0,则数据有效
        pos.x=data[1][1]         --data[i][1]赋值给 pos.x
        pos.y=data[1][2]         --data[i][2]赋值给 pos.y
        pos.c=data[1][3]         --data[i][3]赋值给 pos.c
```

```
            MovP(pos)                  --运动到取料上方点
            MovJ(J3,-50)
            DO(1,ON)
            Delay(100)
            MovJ(J3,0)
            MovP(p1)
        --Pause()
        if c==1 then
            MovP(p10+Z(10))
            MovP(p10)
            DO(1,OFF)
            Delay(100)
            MovJ(J3,0)
            MovP(p1)
            print("放1#料盒位置")
            c=2
            goto bb
        elseif c==2 then
            MovP(p11+Z(10))
            MovP(p11)
            DO(1,OFF)
            Delay(100)
            MovJ(J3,0)
            MovP(p1)
            print("放2#料盒位置")
            c=1
            goto aa
        end
    else
        b=b+1
        goto cc
    end
else
    b=b+1
    goto cc
end
```

2. 六轴机器人程序

```
1    p1:=* ;
2    p80:=* ;
3    p81:=* ;
4    p82:=* ;
5    p83:=* ;
6    LABEL a0:
7    fidbus.mobtxint[0]:=0;
8    io.output[12]:= false;
9    io.output[13]:= false;
10   MJOINT(p80, v500, fine, tool0);
11   fidbus.mobtxint[0]:=1;
12   LABEL a1:
13   WHILE fidbus.mobrxint[0]<>1 DO
14       GOTO a1;
15   END_WHILE;
16   qhz();
17   MJOINT(p1, v500, fine, tool0);
18   fg1();
19   MJOINT(p1, v500, fine, tool0);
20   fidbus.mobtxint[0]:= 2;
21   LABEL a2:
22   WHILE fidbus.mobrxint[0]<>2 DO
23       GOTO a2;
24   END_ WHILE;
25   DWELL(1);
26   fidbus.mobtxint[0]:=0;
27   MJOINT(p80,v500,fine, tool0);
28   qhz();
29   MJOINT(p1, v500,fine, tool0);
30   fg2();
31   MJOINT(p1, v500, fine, tool0);
32   fidbus.mobtxint[0]:= 3;
33   LABEL a3:
34   WHILE fidbus.mobrxint[0]<>3 DO
35       GOTO a3;
36   END_ WHILE;
37   DWELL(1);
```

```
38    fidbus.mobtxint[0]:=0;
39    qg1();
40    rk1();
41    MJOINT(p1, v500,fine, tool0);
42    MJOINT(p80,v500,fine, tool0);
43    qhz();
44    fg3();
45    MJOINT(p1, v500,fine, tool0);
46    fidbus.mobtxint[0]:= 4;
47    LABEL a4:
48    WHILE fidbus.mobrxint[0]<>4 DO
49        GOTO a4;
50    END_WHILE;
51    DWELL(1);
52    fidbus.mobtxint[0]:=0;
53    qg2();
54    rk2();
55    MJOINT(p81, v500,fine, tool0);
56    MJOINT(p80,v500,fine, tool0);
57    qhz();
58    fg4();
59    fidbus.mobtxint[0]:= 5;
60    LABEL a5:
61    WHILE fidbus.mobrxint[0]<>5 DO
62        GOTO a5;
63    END_WHILE;
64    DWELL(1);
65    fidbus.mobtxint[0]:= 0;
66    qg3();
67    rk3();
68    MJOINT(p1, v500,fine, tool0);
69    MJOINT(p80,v500,fine, tool0);
70    qhz();
71    fg5();
72    fidbus.mobtxint[0]:= 6;
73    LABEL a6:
74    WHILE fidbus.mobrxint[0]<>6 DO
75        GOTO a6;
```

```
76    END WHILE;
77    DWELL(1);
78    fidbus.mobtxint[0]:= 0;
79    qg4();
80    rk4();
81    MJOINT(p1, v500,fine, tool0);
82    MJOINT(p80,v500,fine, tool0);
83    qhz();
84    fg6();
85    MJOINT(p1,v500,fine, tool0);
86    fidbus.mobtxint[0]:= 7;
87    LABEL a7:
88    WHILE fidbus.mobrxint[0]<>7 DO
89        GOTO a7;
90    END_WHILE;
91    DWELL(1);
92    fidbus.mobtxint[0]:= 0;
93    qg5();
94    rk5();
95    MJOINT(p1,v500,fine, tool0);
96    fidbus.mobtxint[0]:= 8;
97    LABEL a8:
98    WHILE fidbus.mobrxint[0]<>8 D0
99        GOTO a8;.
100   END_WHILE;
101   DWELL(1);
102   fidbus.mobtxint[0]:= 0;
103   qg6();
104   rk6();
105   MJOINT(p1, v500,fine, tool0);
106   MJOINT(p80, v500, fine, tool0);
107   fidbus.mobtxint[0]:= 9;
108   DWELL(2);
109   GOTO a0;
```

3. 视觉相机程序

1）视觉相机的流程如图 6-2 所示。

2）用快速特征匹配来识别图形，然后通过格式化处理。

3）标定转换。在完成标定后，可通过标定转换模块，实现相机坐标系和机械臂世界坐

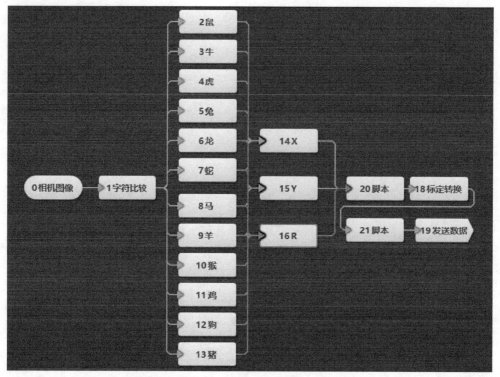

图 6-2　视觉相机的流程

标系之间的转换，具体是在标定转换中单击加载标定文件，选择标定时保存的标定文件路径加载，如图 6-3、图 6-4 所示。

18 标定转换　　　　　　　　　　×

| 基本参数 | 结果显示 |

图像输入

输入源　　　0 相机图像.图像数据　　▾

图像坐标点输入

输入方式　　○ 按点　● 按坐标

图像坐标X　　20 脚本.OutX[]　　🔗

图像坐标Y　　20 脚本.OutY[]　　🔗

标定文件

加载标定文件　　　　　　　　📁

执行　　确定

图 6-3　标定转换基本参数

图 6-4 标定转换结果显示

4. 触摸屏程序

1）触摸屏主页面如图 6-5 所示。

图 6-5 触摸屏主页面

2）功能选择。按下按钮，跳转功能选择页面，如图 6-6 所示。

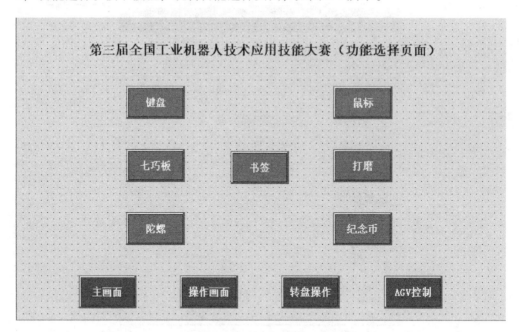

图 6-6　功能选择页面

若按下"操作画面"按钮，将跳转到如图 6-7 所示页面。

图 6-7　操作画面

① 起动：设备起动运行按钮。

② 停止：设备停止运行按钮。

③ 复位：设备全部复位按钮。

④ 急停：设备紧急停止按钮。

若按下"转盘操作"按钮，将跳转到如图 6-8 所示页面。

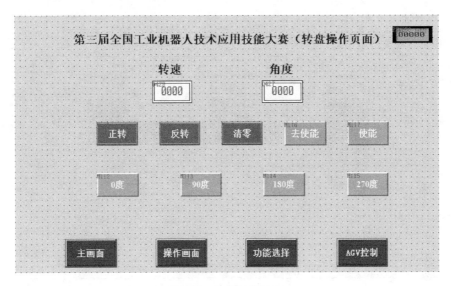

图 6-8　转盘操作页面

① 转速：可设置转盘速度。

② 正转：按下按钮转盘正向转动。

③ 反转：按下按钮转盘反向转动。

④ 清零：当前位置设置为零。

⑤ 使能与去使能：当电动机 RUN 状态为使能，BB 状态为非使能状态。

⑥ 0°、90°、180°、270°：按下相应的按钮，转盘转动对应角度。

若按下"纪念币"按钮，将跳转到如图 6-9 所示页面。

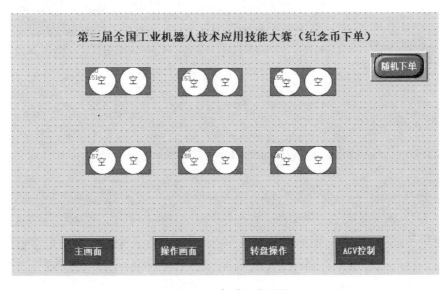

图 6-9　纪念币下单页面

随机下单：12 个纪念币随机分配到 6 个包装盒内。

若按下"AGV 控制"按钮，将跳转到如图 6-10 所示页面。

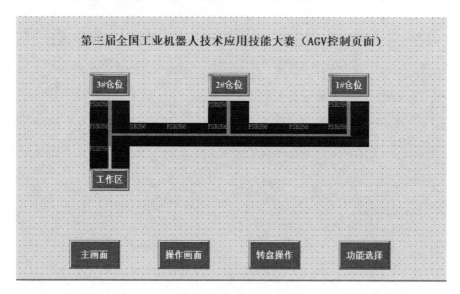

图 6-10　AGV 控制页面

1#仓位、2#仓位、3#仓位、工作区：按下按钮，AGV 运行到相应的仓位。

5. PLC 程序

（1）AGV 通信程序

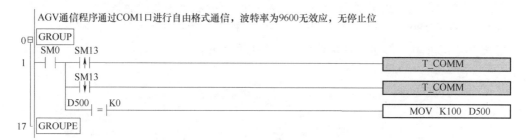

（2）AGV 调度程序

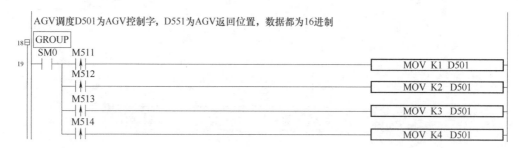

（3）六轴机器人通信程序

六轴通信通过MODBUS/TCP通信，IP为129.168.1.12端口为502, 站号为1 D300-D305为发送D350-D355为接收，

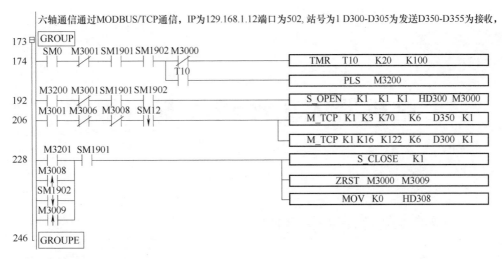

（4）六轴机器人通信程序

四周通信IP为129.168.1.20端口号为502站号为2, D200-D213为发送, D250-D263为接收, 以双字格式接收、发送

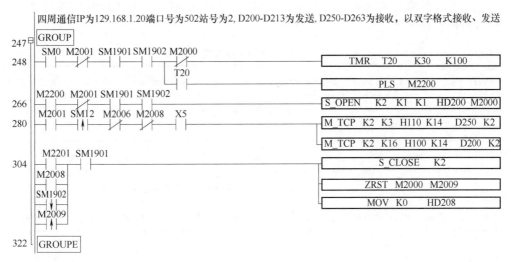

（5）触摸屏下单程序

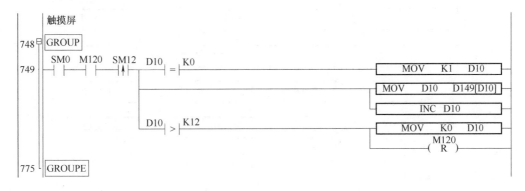

第 7 章

工业机器人生产线检测与维护

7.1 日常检测与维护

1. 机器人的日常维护

通过检查和维修，可以将机器人的性能保持在稳定的状态。每天运转工业机器人系统时，应及时检修以下项目，见表7-1。

表7-1 日常维护事项

条目	检查项目	检查点
1	存在振动或异响	检查机器人的运动情况，是否沿工作轨迹平稳运动，无异常振动或声响
2	重复定位精度	检查机器人的停止位置，是否与之前的停止位置相同
3	外围设备是否工作正常	根据机器人发出的命令，检查外围设备是否正常工作
4	每个轴的制动装置	切断电源后，检查末端执行器是否有下降的情况

2. 机器人的定期维护（见图7-1、表7-2）

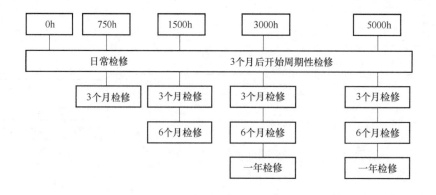

图7-1 定期检修时间

表 7-2　定期检修卡

检修和更换项目	部位	序号	项目	检修时间	供脂量	首次检修320	运转累计时间/h										
							3个月960	6个月1920	9个月2880	1年3840	4800	5760	6720	2年7680	8640	9600	10560
检修和更换项目	机构部	1	外伤，油漆脱落的确认	0.1h	—		○	○	○	○	○	○	○	○	○	○	○
		2	沾水的确认	0.1h	—		○	○	○	○	○	○	○	○	○	○	○
		3	露出的连接器是否松动	0.2h	—		○			○				○			
		4	末端执行器安装螺栓的紧固	0.2h	—		○			○				○			
		5	盖板安装螺栓、外部主要螺栓的紧固	2.0h	—		○			○				○			
		6	机械式制动器的检修	0.1h	—		○										
		7	垃圾、灰尘等的清除	1.0h	—		○	○	○	○	○	○	○	○	○	○	○
		8	机械手电缆、外设电池电缆（可选购项）的检查	0.1h	—		○			○				○			
		9	电池的更换（指定内置电池时）	0.1h	—					●				●			
		10	各轴减速机的供脂	0.5h	14ml（×1）12ml（×2）												
		11	机构部内电缆的更换	4.0h	—												
	控制装置	12	示教器以及操作箱连接电缆有无损伤	0.2h	—		○			○				○			
		13	通风口的清洁	0.2h	—	○	○	○	○	○	○	○	○	○	○	○	○
		14	电池的更换×3	0.1h	—												

3. 机器人控制柜的检查

（1）控制柜的组成　机器人控制系统的组成如图 7-2 所示。

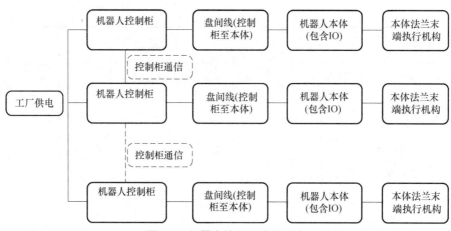

图 7-2　机器人控制系统的组成

机器人控制柜作为机器人控制的中枢，安全性和灵活性高，占地面积小，进行控制时高速精准能够提升工业机器人执行任务的效率。六轴机器人控制柜示意图如图 7-3 所示。

图 7-3　六轴机器人控制柜示意图

（2）控制柜的检查

1）检查机器人外部电缆插头插好无松动，如图 7-4 所示。

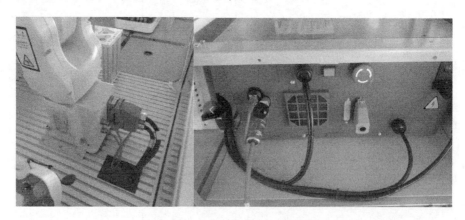

图 7-4　机器人控制柜外部接线

2）检查机器人内部电缆插头插好无松动。打开控制柜并检查是否有接线松动的情况，同时准备好电源连接线、盘间线，并确认本体已经可靠固定之后方可进行本体与控制柜的连接、通电测试。

3）检查电动机动力线和编码器线的接头。如图7-5所示，检查电动机动力线、编码器线的连接，注意导向孔与导向销的方向，切勿强力插拔和带电插拔。

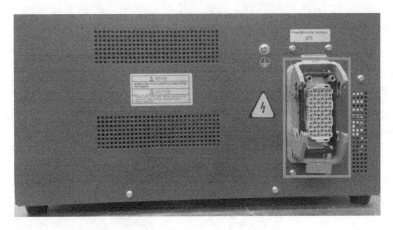

图7-5　动力线编码器线接线

4）检查电源接口（见图7-6）及接线。控制柜使用 AC 220V 交流电，要求供电的断路器大小为 16A 及以上，漏电保护器为 50mA 及以上，使用时应使用 3×1.5 的护套电缆按照工位布局情况接入主电源。控制柜的电源接口采用通断开关、熔丝、滤波器三合一结构，接入主电源时和排除控制柜故障时应加以注意。

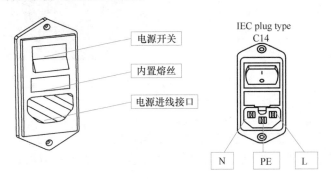

图7-6　电源接口

注意：
　　当接入主电源后无反应时注意检查内置熔丝是否有烧坏情况，应在断电情况下使用一字形螺钉旋具去除熔丝放置盒，然后更换熔丝。熔丝限制电流 10A，熔丝规格为普通 $\phi5×20mm$ 玻璃熔丝。

4. 机器人本体的检查

机器人运动之前要确保机器人运动中不会与其他物体发生碰撞，可把速度调慢，发现异常后要及时停止。运动过程中查看各关节运动是否有异常声音，机器人运动是否流畅。

5. 编码器电池的更换

机器人使用锂电池作为编码器数据备用电池。电池电量下降超过一定限度，则无法正常保存数据。电池每天 8h 运转、每天 16h 电源 OFF 的状态下，应每 2 年更换一次。编码器电池存放在机器人底座中，用于电控柜断电时存储电动机编码器信息。当电池的电量不足时需要对电池进行更换。

电池更换步骤如下：

1）打开控制装置的主电源。

2）按下紧急停止按钮，锁定机器人。

3）用 M3 内六角扳手卸下底座后面的航插固定板。

4）卸下电池连接器的 1~6 轴。

5）拆下电压不足的电池，将新的电池插入电池包，连接电池连接器，如图 7-7 所示。

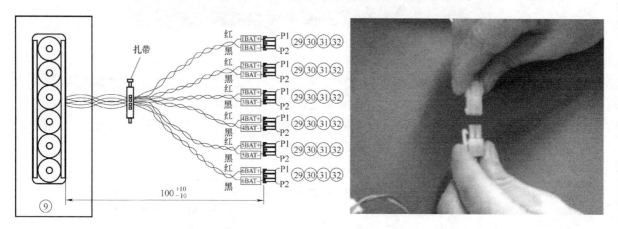

图 7-7　编码器电池连接示意图

6. 机械零点的检查

机器人在出厂前，已经做好机械零点校对，当机器人因故障丢失零点位置后，需要对机器人重新进行机械零点的校对。校对零点时，将相应规格的圆柱销插入机器人各个轴的零标孔中，即为机器人的零标位置。

零点检查步骤如下：

1）将坐标系类型设置为关节坐标系。

2）分别把工业机器人关节轴的角度调为 0°。

3）观察工业机器人各轴是否运动到机械零点刻线处。如果工业机器人各轴运动到机械零点刻线处，即为原点正常，未丢失；否则，机器人零点丢失。

7. 机器人长期存放的检查

准备长期存放的机器人，需要切断机器人电源前，可进行如下检修：

1）确认编码器电池电压，如果太低，应更换电池。如果没有及时更换，将导致编码器数据丢失，则需要进行编码器复位及编码器修正的作业。

2）确认控制装置的门以及锁定插键已经关闭。

8. 机器人定期检修时的注意事项

1）检修作业必须由接受过维修保养培训的人员进行。

2）进行检修作业之前，请对作业所需的零件、工具和图样进行确认。

3）更换零件请使用标准零件。

4）进行机器人本体的检修时，务必先切断电源再进行作业。

5）打开控制装置的门时，务必先切断一次电源，并充分注意不要让灰尘入内。

6）手触摸控制装置内的零件时，必须将油污等擦干净后再进行。尤其是要触摸印制基板和连接器等部位时，应充分注意避免静电放电等损坏 IC 零件。

7）一边操作机器人本体，一边进行检修时，禁止进入动作范围之内。

8）电压测量应在指定部位进行，并充分注意防止触电和接线短路。

9）禁止同时进行机器人本体和控制装置的检修。

10）检修后，必须充分确认机器人动作后，再进入正常运转。

9. 机器人系统的常规维护制度

1）操作人员应以主人翁的态度，做到正确使用，精心维护，用严肃的态度和科学的方法维护好设备，坚持维护与检修并重，以维护为主的原则，严格执行岗位责任制，确保在用设备完好。

2）操作人员对所使用的设备，通过岗位练兵和技术学习，做到"四懂、三会"（懂结构、懂性能、懂用途；会使用、会维护保养、会排除故障），并有权制止他人私自动用自己岗位的设备；对未采取防范措施或未经主管部门审批，超负荷使用的设备，有权停止使用；发现设备运转不正常、超期未检修、安全装置不符合规定时应立即上报，如不立即处理和采取相应措施，应立即停止使用。

3）操作人员，必须做好下列各项工作：

① 正确使用设备，严格遵守操作规程，起动前认真准备，起动中反复检查，停止后妥善处理，运行中做好观察，认真执行操作指标，不准超温、超压、超速和超负荷运行。

② 精心维护、严格执行巡回检查制，定时按巡回检查路线，对设备进行仔细检查，发现问题，及时解决，排除隐患，无法解决及时上报。

③ 做好设备清洁、润滑，保持零件、附件及工具完整无缺。

④ 掌握设备故障的预防、判断和紧急处理措施，保持安全防护装置完整好用。

⑤ 设备计划运行，定期切换，配合检维修人员做好设备的检维修工作，使其经常保持完好状态，保证随时可起动运行，对备用设备要定时检查，做好防冻和防凝结等工作。

⑥ 认真填写设备运行记录及操作日记。

⑦ 经常保持设备和环境清洁卫生。

7.2　常见故障诊断与维修

1. 机器人常见故障分类

（1）按发生故障的部件不同　机器人故障可分为机械故障和电气故障。

1）机械故障。常见的机械故障有：因机械安装、调试及操作不当等原因而引起的机械传动故障。通常表现为各轴处有异响，动作不连贯等。例如，电动机或减速机被撞坏、传动带或齿轮有磨损、电动机或减速机参数设置不当等原因均可造成以上故障。尤其应引起重视的是，机器人各个轴标明的注油点（注油孔）必须定时、定量加注润滑油（脂），这是机器人正常运行的基本保证。

2）电气故障。电气故障可分为弱电故障与强电故障。弱电故障主要指主控制器、伺服单元、安全单元、输入/输出装置等电子电路发生的故障。它又可分为硬件故障与软件故障。硬件故障是指上述各装置的集成电路芯片、分立元器件、接插件以及外部连接组件等发生的故障。软件故障主要是指加工程序出错、系统程序和参数改变或丢失、系统运算出错等。

强电故障是指继电器、接触器、开关、熔断器、电源变压器、电磁铁、外围行程开关等，以及由其所组成的电路所发生的故障。

（2）按发生故障的性质不同　机器人故障可分为系统性故障和随机性故障。

1）系统性故障。这类故障指只要满足一定的条件或超过某一设定，工作中的机器人必然会发生的故障。这一类故障现象极为常见。例如，电池电量不足或电压不够时必然会发生控制系统故障报警；润滑油（脂）需要更换而导致机器人关节转动异常，机器人检测到力矩等参数超过理论值必然会发生报警；机器人在工作时力矩过大或焊接时电流过高超过某一限值时，必然会发生末端执行器功能的报警。因此，正确使用与精心维护机器人是杜绝或避免这类系统性故障的切实保障。

2）随机性故障。这类故障指机器人在同样的条件下工作时偶然发生的一次或两次故障。其原因分析与故障诊断较为困难，往往与安装质量、参数设定、元器件品质、操作失误、维护不当及工作环境等因素有关。例如：连接插头没有拧紧、制作插头时出现虚焊等现象、线缆没有整理好或线缆质量不过关等。环境温度过高或过低、湿度过大、电源波动、机械振动、有害粉尘与气体污染等也可引发随机性故障。因此，加强维护检查，确保电柜门的密封，严防工业粉尘及有害气体的侵袭等，均可避免此类故障的发生。

（3）按发生故障的原因不同　机器人故障可分为机器人自身故障和外部故障。

1）机器人自身故障。这类故障是由机器人自身原因引起的，与外部使用环境无关。机器人所发生的绝大多数故障均属该类故障，主要指的是机器人本体、控制柜、示教器发生了故障。

2）机器人外部故障。外部原因有：机器人的供电电压过低，电压波动过大，电压相序不对或三相电压不平衡；环境温度过高；有害气体、潮气、粉尘侵入数控系统；外来振动和干扰等均有可能使机器人发生故障。人为因素有：操作不当，发生碰撞后过载报警；操作人员不按时按量加注润滑油，造成传动噪声等。

除上述常见分类外，机器人故障还可按故障发生时有无破坏性分为破坏性故障和非破坏性故障；按故障发生的部位不同分为机器人本体故障、控制系统故障、示教器故障、外围设备故障等。

2. 机器人故障排除的思路及遵循原则

（1）机器人故障排除思路　机器人发生故障后，其诊断与排除思路大体是相同的，主要应遵循以下几个步骤。

1）调查故障现场，充分掌握故障信息。

2）根据所掌握的故障信息，明确故障的复杂程度。

3）分析故障原因，制定排除故障的方案。

4）检测故障，逐级定位故障部位。

5）故障的排除。

6）解决故障后资料的整理。

（2）故障排除应遵循的原则　机器人出现故障后，要视故障的难易程度及故障是否属于常见性故障等具体情况，合理采用不同的分析问题和解决问题的方法。

1）先静后动。

2）先软件后硬件。

3）先外部后内部。

4）先机械后电气。

5）先公用后专用。

6）先简单后复杂。

7）先一般后特殊。

3. 常见故障及排除方法（以六轴工业机器人为例）

（1）控制柜软故障诊断与处理　一般情况下，控制柜内部的电路很难出现故障，只有寿命达到极限或者不安全操作时才会出现零件损坏的现象。通常，只有供电电路、与其他设备连接的电路或者编码器出现故障的情况较多，这里主要讲解控制柜软故障的诊断与处理。

1）查看系统状态。如图7-8所示，单击图中右上角状态栏的"系统状态"按钮，可以查看系统的事件，包括操作信息、报警信息等。

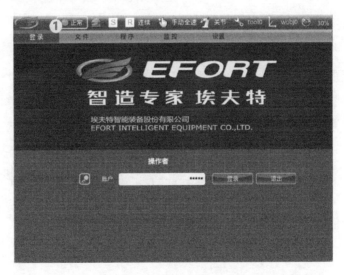

图7-8　机器人登录界面

2）查看事件日志。图7-9所示为机器人事件日志。

① 事件日志显示区域。显示事件的相关代码、产生日期以及具体内容。

② 事件说明区域。显示指定事件的产生原因以及给出的解决方法。

③ 筛选区域。通过勾选不同的事件类型，显示区域显示不同的事件。例如，只勾选"报警"选项，信息显示区值显示记录的所有报警。

④ 操作区。包括查看详情、保存日志和清空日志。通过单击"详情"按钮，可以显示或者隐藏事件说明区域；通过单击"导出"按钮，可将当前所有日志保存至U盘中；通过单击"清空"按钮，可将当前所有日志清空。

图 7-9　机器人事件日志画面

　　（2）驱动器故障诊断与处理　在任务栏的"监控"菜单下单击"驱动器"按钮，进入到驱动器监控界面，如图 7-10 所示。这里显示了各轴的驱动的状态，是否有报警以及报警的描述。

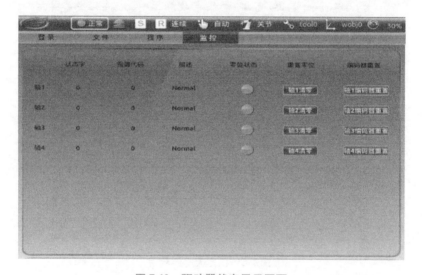

图 7-10　驱动器状态显示画面

　　驱动器故障处理：当某轴出现问题时，我们可以根据其对应的报警代码，或者查看对应的驱动器发出的故障代码，在工业机器人维护手册内查出相应的故障代码对应的分析及解决措施。

　　（3）程序运行报警　如图 7-11 所示，程序运行报警在程序编辑界面的日志中可以查看，可以根据报警现象对程序进行重新编辑消除报警。

　　（4）电气故障

　　1）供电电路（见图 7-12）故障。该种故障多出现于继电器、接触器、开关、熔断器等

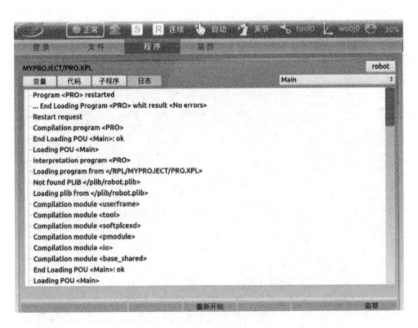

图 7-11 程序编辑画面

地方，一般出现断路、短路以及零部件烧毁的故障。

图 7-12 机器人供电电路

2）PLC 接线故障。该种故障多出现于 PLC 输入输出接线（见图 7-13），转接端子排接线。主要出现断线、接触不良、接线线交叉 3 种故障。

3）电气连接故障。该种故障多出现于机器人与阀岛之间的接线（见图 7-14），主要出现电源正反接错，顺序接反以及漏接现象。

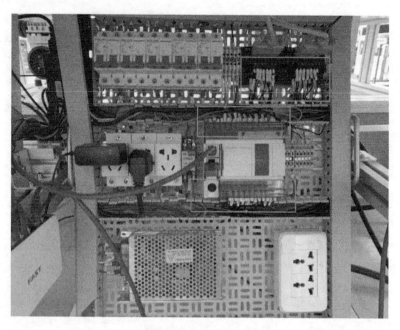

图 7-13　PLC 控制电路

图 7-14　转接电路与阀岛之间的接线